高职高专"十一五"规划教材

机电实验实训教程

田治礼　高　伟　张玉华　编

中国石油大学出版社

图书在版编目(CIP)数据

机电实验实训教程/田治礼等编. —东营:中国石油
大学出版社,2007.8(2013.9 重印)
ISBN 978-7-5636-2412-6

Ⅰ.机… Ⅱ.田… Ⅲ.机电工程—实验—教材 Ⅳ.TH-33

中国版本图书馆 CIP 数据核字(2007)第 130360 号

书　　名:机电实验实训教程
作　　者:田治礼　高　伟　张玉华

责任编辑:刘　清(电话　0532—86981533)
封面设计:李　东

出 版 者:中国石油大学出版社(山东　东营,邮编　257061)
网　　址:http://www.uppbook.com.cn
电子信箱:yibian8392139@163.com
印 刷 者:沂南县汇丰印刷有限公司
发 行 者:中国石油大学出版社(电话　0532—86981533)
开　　本:180 mm×235 mm　印张:17.75　字数:345 千字
版　　次:2013 年 9 月第 1 版第 4 次印刷
定　　价:30.00 元

前　言

近年来,我国机电行业迅猛发展,企业对机电专业的高级技术人才需求旺盛。为进一步提高教学水平,很多学校的实验设备都进行了比较大的更新换代,原先的实验教材已经不能满足教学的需要。

根据职业学院以培养学生应用能力和专业素质为主线的总体要求,为便于学生的实验前预习,实验中操作,实验后复习,依据汽车、机械、数控、模具、化工、电工、电子、机电、热能等专业的教学计划和教学大纲,参照国家劳动和社会保障部"中级工鉴定标准",在突出技能、强化实践教学、循序渐进,便于教学、预习、自学和适当放宽课时的原则下,我们组织山东省多所职业学院的有关专家和长期从事教学实践的一线教师联合编写了《机电实验实训教程》。

本书重点训练与培养学生电工操作、机械制图、电机拖动、C语言程序设计、PLC程序设计、传感器、模拟电子技术、数字电子技术、电子产品设计、电子产品组装等实验实训的技能,由于各专业的培养目标有别,可根据专业教学计划从中选取与本专业相关的内容进行教学。

本书在编写过程中,以机电各专业的基本技能为主,涉及电工、电子、化工、机械等专业的基本技能,突出了实践教学和动手能力的培养。在掌握基本知识的基础上,本书着重强调了实际动手能力的训练。

本书力求语言简练,图文并茂,通俗易懂,易于教学和自学。本书紧扣职业学院学生的特点和教学大纲的要求,便于学生在上学期间和今后的工作中及时复习参阅。

　　本书共分十部分,由田治礼、高伟、张玉华编写,田治礼编写第三、四、五、六部分;高伟编写第一、二、八部分;张玉华编写第七、九、十部分。

　　由于编写水平有限,书中难免存在缺点和错误,敬请读者提出批评和改进意见。

编　者

2009 年 6 月

目　录

第一部分　电工实验

第二部分　电机拖动实训

第三部分　"机械制图"课程设计

第四部分 模拟电子技术实验

第五部分 数字电子技术实验

第六部分 电子产品组装实习

第七部分　PLC 实验

第八部分　电子线路辅助设计实验

第九部分　传感器与检测技术实验

第十部分　C语言课程实验

第一部分

电工实验

实验一 基尔霍夫定律的验证

一、实验目的

1. 验证基尔霍夫定律的正确性,加深对基尔霍夫定律的理解。
2. 学会用电流插头、插座测量各支路电流。

二、实验原理

基尔霍夫定律是电路的基本定律。测量某电路的各支路电流及每个元件两端的电压,应能分别满足基尔霍夫电流定律(KCL)和电压定律(KVL)。即对电路中的任一个节点而言,应有 $\sum I = 0$;对任何一个闭合回路而言,应有 $\sum U = 0$。

运用上述定律时必须注意各支路或闭合回路中电流的正方向,此方向可预先任意设定。

三、实验设备与器件

1. 0~500 V 交流电压表(D33)2 只。
2. 15 V/0.3 A,5 V/0.3 A(220 V)实验变压器(DG08)1 台。

四、实验内容与步骤

用 DG05 挂箱的"基尔霍夫定律/叠加原理"电路做实验,实验电路如图 1-1 所示。

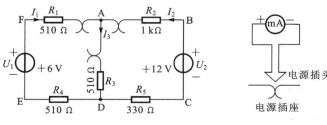

图 1-1

1. 实验前先任意设定三条支路和三个闭合回路的电流正方向。在图 1-1 中的 I_1、I_2、I_3 的方向已设定。三个闭合回路的电流正方向可设为 ADEFA、BADCB 和 FBCEF。

2. 分别将两个直流稳压电源接入电路,令 $U_1 = 6$ V,$U_2 = 12$ V。

3. 熟悉电流插头的结构,将电流插头的两端接至数字毫安表的"＋、－"两端。

4. 将电流插头分别插入三条支路的三个电流插座中，读出并记录电流值。

5. 用直流数字电压表分别测量两个电源及电阻元件上的电压值，记录于表 1-1 中。

表 1-1

被测量	I_1/mA	I_2/mA	I_3/mA	U_1/V	U_2/V	U_{FA}/V	U_{AB}/V	U_{AD}/V	U_{CD}/V	U_{DE}/V
计算值										
测量值										
相对误差										

五、实验注意事项

1. 本实验电路板是多个实验通用的，DG05 上的 K3 应拨向 330 Ω 侧，3 个故障按键均不得按下，且要用到电流插座。

2. 所有需要测量的电压值，均以电压表测量的读数为准。U_1、U_2 也需测量，不应取电源本身的显示值。

3. 防止稳压电源两个输出端碰线短路。

4. 用指针式电压表或电流表测量电压或电流时，如果仪表指针反偏，则必须调换仪表极性，重新测量。如果此时指针正偏，可读得电压或电流值。若用数显电压表或电流表测量，则可直接读出电压或电流值。但应注意：所读得的电压或电流值的实际的正、负号应根据设定的电流参考方向来判断。

六、预习思考题

1. 根据图 1-1 的电路参数，计算出待测的电流 I_1、I_2、I_3 和各电阻上的电压值，记入表中，以便实验测量时，可正确地选定毫安表和电压表的量程。

2. 实验中，若用指针式万用表直流毫安挡测各支路电流，在什么情况下可能出现指针反偏，应如何处理？在记录数据时应注意什么？若用直流数字毫安表进行测量时，则会有什么显示？

七、实验报告

1. 根据实验数据，选定节点 A，验证 KCL 的正确性。

2. 根据实验数据，选定实验电路中的任一个闭合回路，验证 KVL 的正确性。

3. 误差原因分析。

实验二 正弦稳态交流电路相量的研究

一、实验目的

1. 研究正弦稳态交流电路中电压、电流相量之间的关系。
2. 掌握日光灯电路的接线。
3. 理解改善电路功率因数的意义并掌握其方法。

二、实验原理

1. 在单相正弦交流电路中,用交流电流表测得各支路的电流值,用交流电压表测得回路各元件两端的电压值,它们之间的关系满足相量形式的基尔霍夫定律,即 $\sum \dot{I}=0$ 和 $\sum \dot{U}=0$ 。

2. 图 1-2 所示的 RC 串联电路,在正弦稳态信号 $\dot{U}$ 的激励下,$\dot{U}_R$ 与 $\dot{U}_C$ 保持有 $90°$ 的相位差,即当 R 阻值改变时,$\dot{U}_R$ 的相量轨迹是一个半圆。$\dot{U}$、$\dot{U}_C$ 与 $\dot{U}_R$ 三者形成一个直角三角形,如图 1-3 所示。R 值改变时,可改变 φ 角的大小,从而达到移相的目的。

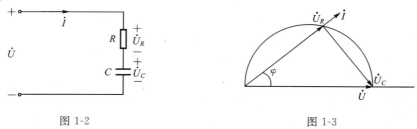

图 1-2   图 1-3

3. 日光灯电路如图 1-4 所示,图中 A 是日光灯管,L 是镇流器,S 是启辉器,C 是补偿电容器,用以改善电路的功率因数($\cos \varphi$ 值)。有关日光灯的工作原理请自行翻阅有关资料。

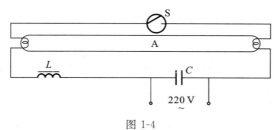

图 1-4

三、实验设备与器件

1. 0~450 V 交流电压表(D33)。

2. 0~5 A 交流电流表(D32)。

3. 功率表(D34)。

4. 自耦调压器(DG01)。

5. 与 40 W 灯管配用的镇流器、启辉器(DG09)。

6. 40 W 日光灯灯管(屏内)。

7. 1 μF、2.2 μF、4.7 μF/500 V 电容器(DG09)各 1 个。

8. 220 V/15 W 白炽灯 1~3 只及灯座(DG08)1~3 个。

9. 电流插座(DG09)3 个。

四、实验内容与步骤

1. 按图 1-2 接线。R 为 220 V/15 W 的白炽灯泡,C 为 4.7 μF/450 V 的电容器。经指导教师检查后,接通实验台电源,将自耦调压器输出(即 U)调至 220 V。记录 U、U_R、U_C 的值于表 1-2 中,并验证电压直角三角形关系。

表 1-2

测量值			计算值		
U/V	U_R/V	U_C/V	$U'(U'$与 U_R、U_C 组成 Rt△,且 $U' = \sqrt{U_R^2 + U_C^2}$)	$(\Delta U = U' - U)/V$	$(\Delta U/U)/\%$

2. 日光灯电路接线与测量。按图 1-5 接线,经指导教师检查后接通实验台电源,调节自耦调压器的输出,使其输出电压缓慢增大,直到日光灯启辉点刚亮为止,记录三只表的指示值于表 1-3 中。然后将电压调至 220 V,测量功率 P,电流 I,电压 U、U_L、U_A 等值,验证电压、电流的相量关系。

表 1-3

	测量数值						计算值	
	P/W	$\cos\varphi$	I/A	U/V	U_L/V	U_A/V	r/Ω	$\cos\varphi$
启辉值								
正常工作值								

3. 并联电路——电路功率因数的改善。按图 1-6 连接实验电路,经指导老师检

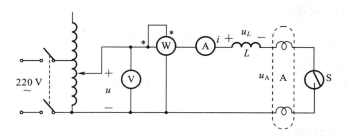

图 1-5

查后,接通实验台电源,将自耦调压器的输出调至 220 V,记录功率表、电压表读数。通过一只电流表和三个电流插座分别测量三条支路的电流,改变电容值,进行三次重复测量。将数据记入表 1-4 中。

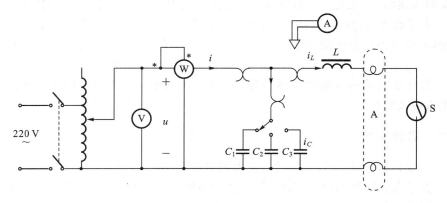

图 1-6

表 1-4

电容值	测量数值						计算值	
$C/\mu F$	P/W	$\cos \varphi$	U/V	I/A	I_L/A	I_C/A	I'/A	$\cos \varphi$
0								
1								
2.2								
4.7								

五、实验注意事项

1. 本实验使用交流 220 V 的市电，务必注意用电和人身安全。

2. 功率表要正确接入电路。

3. 当实验电路接线正确，日光灯不能启辉时，应检查启辉器及其接触是否良好。

六、预习思考题

1. 参阅课外资料，了解日光灯的启辉原理。

2. 在日常生活中，当日光灯上缺少启辉器时，人们常用一根导线将启辉器的两端短接一下，然后迅速断开，使日光灯点亮（DG09 实验挂箱上有短接按钮，可用它代替启辉器做实验）。或用一只启辉器去点亮多只同类型的日光灯，这是为什么？

3. 为了改善电路的功率因数，常在感性负载上并联电容器，此时增加了一条电流支路，试问电路的总电流是增大还是减小？此时感性元件上的电流和功率是否改变？

4. 为什么只采用并联电容器法提高电路功率因数，而不用串联法？所并的电容器是否越大越好？

七、实验总结

1. 完成数据表格中的计算，进行必要的误差分析。
2. 根据实验数据，分别绘出电压、电流相量图，验证相量形式的基尔霍夫定律。
3. 讨论改善电路功率因数的意义和方法。
4. 装接日光灯电路的心得体会及其他。

实验三　典型电信号的观察与测量

一、实验目的

1. 熟悉低频信号发生器和脉冲信号发生器各旋钮、开关的作用及其使用方法。

2. 初步掌握用示波器观察电信号波形，定量测出正弦信号和脉冲信号的波形参数。

3. 初步掌握示波器和信号发生器的使用。

二、实验原理

1. 正弦交流信号和方波脉冲信号是常用的电激励信号,可分别由低频信号发生器和脉冲信号发生器提供。正弦信号的波形参数有幅值 U_m、周期 T(或频率 f)和初相;脉冲信号的波形参数有幅值 U_m、周期 T 及脉宽 t_k。本实验装置能提供频率范围为 20 Hz～50 kHz 的正弦波及方波,并由 6 位 LED 数码管显示信号的频率。正弦波的幅值在 0～5 V 之间连续可调,方波的幅值在 1～3.8 V 之间连续可调。

2. 电子示波器是一种信号图形观测仪器,可测出电信号的波形参数。从荧光屏的 Y 轴刻度尺并结合其量程分挡(Y 轴输入电压灵敏度 V/div 分挡)选择开关读取电信号的幅值;从荧光屏的 X 轴刻度尺并结合其量程分挡(时间扫描速度 t/div 分挡)选择开关读取电信号的周期、脉宽、相位差等参数。为了完成对各种不同波形、不同要求的观察和测量,它还有一些其他的调节和控制旋钮,希望在实验中加以摸索和掌握。

一台双踪示波器可以同时观察和测量两个信号的波形和参数。

三、实验设备与器件

1. 双踪示波器。
2. 低频脉冲信号发生器(DG03)。
3. 0～600 V 交流毫伏表(D83)。
4. 频率计(DG03)。

四、实验内容与步骤

1. 双踪示波器的自检。用示波器专用同轴电缆将示波器面板部分的"标准信号"插口与双踪示波器的 Y 轴输入插口 Y_A 或 Y_B 端连接起来,然后开启示波器电源,指示灯亮。稍后,调节示波器面板上的"辉度"、"聚焦"、"辅助聚焦"、"X 轴位移"、"Y 轴位移"等旋钮,使荧光屏的中心部分显示出线条细而清晰、亮度适中的方波波形。通过选择幅度和扫描速度,并将它们的微调旋钮旋至"校准"位置,从荧光屏上读出该"标准信号"的幅值与频率,并与标称值(1 V/1 kHz)做比较,如相差较大,请指导老师给予校准。

2. 正弦波信号的观测。

(1) 将示波器的幅度和扫描速度微调旋钮旋至"校准"位置。

(2) 通过电缆线,将信号发生器的正弦波输出口与示波器的 Y_A 插座相连。

(3) 接通信号发生器的电源,选择正弦波输出。通过相应调节,使输出频率分别为 50 Hz、1.5 kHz 和 20 kHz(由频率计读取);再使输出幅值分别为有效值 0.1 V、1 V、3 V(由交流毫伏表读取)。调节示波器 Y 轴和 X 轴的偏转灵敏度至合适的位置,从荧光屏上读取幅值及周期,记入表 1-5 中。

表 1-5

频率计读数 / 所测项目	正弦波信号频率的测定			交流毫伏表读数 / 所测项目	正弦波信号幅值的测定		
	50 Hz	1.5 kHz	20 kHz		0.1 V	1 V	3 V
示波器"t/div"旋钮位置				示波器"V/div"位置			
一个周期占有的格数				峰-峰值波形格数			
信号周期/s				峰-峰值/V			
计算所得频率/Hz				计算所得有效值/V			

3. 方波脉冲信号的观测。

(1) 将电缆插头换接在脉冲信号的输出插口上,选择方波信号输出。

(2) 调节方波的输出幅值为 3.0 U_{p-p}(用示波器测定),分别观测 100 Hz、3 kHz 和 30 kHz 方波信号的波形参数。

(3) 使信号频率保持在 3 kHz,选择不同的幅值及脉宽,观测波形参数的变化。

五、实验注意事项

1. 示波器的辉度不要过亮。

2. 调节仪器旋钮时,动作不要过快、过猛。

3. 调节示波器时,要注意触发开关和电平调节旋钮的配合使用,以使显示的波形稳定。

4. 做定量测定时,"t/div"和"V/div"的微调旋钮应旋置"校准"位置。

5. 为防止外界干扰,信号发生器的接地端与示波器的接地端要相连(称共地)。

6. 不同品牌的示波器各旋钮、功能的标注不尽相同,实验前请详细阅读所用示波器的说明书。

六、预习思考题

1. 示波器面板上"t/div"和"V/div"的含义是什么?

2. 观察示波器"标准信号"时,要在荧光屏上得到两个周期的稳定波形,而幅度要求为五格,试问 Y 轴电压灵敏度应置于哪一挡位置?"t/div"又应置于哪一挡位置?

3. 应用双踪示波器观察如图 1-7 所示的两个波形,Y_A 和 Y_B 轴的"V/div"指示均为 0.5 V,"t/div"指示为 20 μs,试写出这两个波形信号的波形参数。

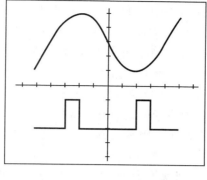

图 1-7

七、实验总结

1. 整理实验中显示的各种波形,绘制有代表性的波形。
2. 总结实验中所用仪器的使用方法及观测电信号的方法。
3. 如用示波器观察正弦信号时,荧光屏上出现图 1-8 所示的几种情况,试说明测试系统中哪些旋钮的位置不对?应如何调节?
4. 心得体会及其他。

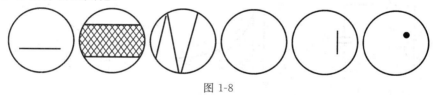

图 1-8

实验四　RC 一阶电路的响应测试

一、实验目的

1. 测定 RC 一阶电路的零输入响应、零状态响应及完全响应。
2. 学习电路时间常数的测量方法。
3. 掌握有关微分电路和积分电路的概念。
4. 进一步学会用示波器观测波形。

二、实验原理

1. 动态网络的过渡过程是十分短暂的单次变化过程。若用普通示波器观察过渡过程和测量有关的参数,就必须使这种单次变化的过程重复出现。为此,我们利用信号发生器输出的方波来模拟阶跃激励信号,即利用方波输出的上升沿作为零状态响应的正阶跃激励信号,利用方波输出的下降沿作为零输入响应的负阶跃激励信号。只要选择方波的重复周期远大于电路的时间常数 τ,那么电路在这样的方波序列脉冲信号的激励下,它的响应就和直流电路接通与断开的过渡过程是基本相同的。

2. 图 1-9(a) 所示的 RC 一阶电路的零输入响应和零状态响应分别按指数规律衰减和增长,其变化的快慢取决于电路的时间常数 τ。

3. 时间常数 τ 的测定方法。用示波器测量零输入响应的波形,如图 1-9(b) 所示。根据一阶微分方程的求解得知 $u_C = U_m e^{-t/RC} = U_m e^{-t/\tau}$。当 $t = \tau$ 时,$U_C(\tau) = 0.368U_m$。此时所对应的时间就等于 τ。也是零状态响应波形增加到 $0.632U_m$ 所对应的时间,如图 1-9(c) 所示。

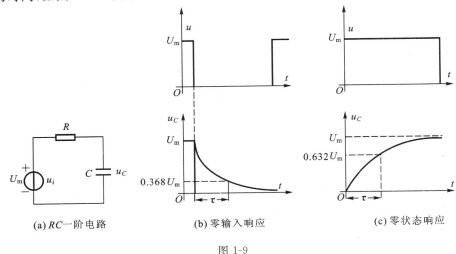

(a)RC一阶电路　　　　(b)零输入响应　　　　(c)零状态响应

图 1-9

4. 微分电路和积分电路是 RC 一阶电路中较典型的电路,它们对电路元件参数和输入信号的周期有着特定的要求。一个简单的 RC 串联电路,在方波序列脉冲的重复激励下,当满足 $\tau = RC \ll \dfrac{T}{2}$($T$ 为方波脉冲的重复周期),且由 R 两端的电压作为响应输出时,则该电路就是一个微分电路。因为此时电路的输出信号电压与输入信号电压的微分成正比。如图 1-10(a) 所示。利用微分电路可以将方波转变成尖脉冲。

若将图 1-10(a) 中的 R 与 C 位置调换一下,即是图 1-10(b) 所示的电路,当满足 $\tau = RC \gg \dfrac{T}{2}$,且由 C 两端的电压作为响应输出时,则该 RC 电路就是一个积分电路。因为此时电路的输出信号电压与输入信号电压的积分成正比。利用积分电路可以将方波转变成三角波。

从输入、输出波形来看,上述两个电路均起着波形变换的作用,请在实验过程中

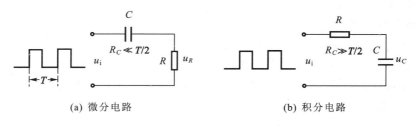

(a) 微分电路　　　　　　　　　　　(b) 积分电路

图 1-10

仔细观察与记录。

三、实验设备与器件

1. 函数信号发生器(DG03)。
2. 双踪示波器(自备)。
3. 动态电路实验板(DG07)。

四、实验内容与步骤

实验电路板的器件组件,如图 1-11 所示,请认清 R、C 元件的布局及其标称值,各开关的通断位置等。

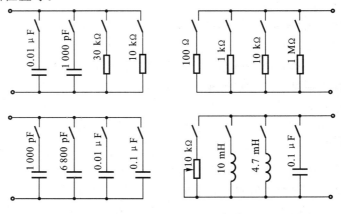

图 1-11

1. 从电路板上选 $R=10\ \text{k}\Omega$,$C=6\ 800\ \text{pF}$,组成如图 1-9(a)所示的 RC 充放电电路。u_i 为脉冲信号发生器输出的 $U_m=3\ \text{V}$,$f=1\ \text{kHz}$ 的方波电压信号,并通过两根同轴电缆线,将激励源 u_i 和响应 u_C 的信号分别接至示波器的两个输入口 Y_A 和 Y_B。这时可在示波器的屏幕上观察到激励与响应的变化规律,请测算出时间常数 τ,并用方格纸按 1∶1 的比例描绘波形。少量地改变电容值或电阻值,定性地观察其对响应的影响,记录观察到的现象。

2. 令 $R=10\ k\Omega$，$C=0.1\ \mu F$，观察并描绘响应的波形，继续增大 C 值，定性地观察其对响应的影响。

3. 令 $C=0.01\ \mu F$，$R=100\ \Omega$，组成如图 1-10(a)所示的微分电路。在同样的方波激励信号（$U_m=3\ V$，$f=1\ kHz$）作用下，观测并描绘激励与响应的波形。增减 R 值，定性地观察其对响应的影响，并记录。当 R 增至 $1\ M\Omega$ 时，输入、输出波形有何本质上的区别？

五、实验注意事项

1. 调节电子仪器各旋钮时，动作不要过快、过猛。实验前，需熟读双踪示波器的使用说明书。观察双踪曲线时，要特别注意相应开关、旋钮的操作与调节。

2. 信号源的接地端与示波器的接地端要连在一起（称共地），以防外界干扰而影响测量的准确性。

3. 示波器的辉度不应过亮，尤其是光点长期停留在荧光屏上不动时，应将辉度调暗，以延长示波管的使用寿命。

六、预习思考题

1. 什么样的电信号可作为 RC 一阶电路零输入响应、零状态响应和完全响应的激励源？

2. 已知 RC 一阶电路 $R=10\ k\Omega$，$C=0.1\ \mu F$，试计算时间常数 τ，并根据 τ 值的物理意义，拟定测量 τ 的方案。

3. 何谓积分电路和微分电路？它们必须具备什么条件？它们在方波序列脉冲的激励下，其输出信号波形的变化规律如何？这两种电路有何功用？

4. 预习要求：熟读仪器使用说明，回答上述问题，准备方格纸。

七、实验总结

1. 根据实验观测结果，在方格纸上绘出 RC 一阶电路充放电时 u_C 的变化曲线，由曲线测得 τ 值，并与参数值的计算结果比较，分析误差原因。

2. 根据实验观测结果，归纳、总结积分电路和微分电路的形成条件，阐明波形变换的特征。

3. 心得体会及其他。

实验五　变压器的连接与测试

一、实验目的

深入了解变压器的性能,学会灵活运用变压器。

二、实验原理

　　每台变压器都有初级绕组(一个)和次级绕组(一个或多个)。如果一台变压器有多个次级绕组,那么,在某些情况下,通过改变变压器各绕组端子的连接方式,可满足一些临时性的需求。

　　1. 如图 1-12 所示的变压器,有两个分别为15 V/0.3 A、5 V/0.3 A 的次级绕组。现在,如果想得到一组稍低于 5 V 的电压,用这台变压器(不能拆它)能实现吗?

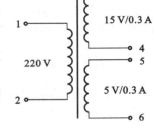

图 1-12

　　要降低(或升高)变压器次级绕组的输出电压,有三种方法:

　　(1) 降低(或升高)初级输入电压——这需要用到调压器,还受到额定电压的限制。

　　(2) 减少(或增加)次级绕组匝数。

　　(3) 增加(或减少)初级绕组匝数。

　　后两种方法似乎都要拆变压器才能做到。但是,针对上述的问题,不拆变压器也能实现:只要把15 V 绕组串入初级绕组(注意同名端,应头尾相串),再接入 220 V 电源,则变压器的另一个次级绕组的输出电压就会改变。

　　变压器初、次级绕组的每伏匝数基本上是相同的,设为 n,则该变压器原初级绕组的匝数为 $220n$ 匝,两个次级绕组的匝数分别为 $15n$ 和 $5n$ 匝。把一个次级绕组正串入初级绕组后,初级绕组就变成 $(220+15)n$ 匝。当变压器初级绕组的匝数改变时,由于变压器次级绕组的输出电压与初级绕组的匝数成反比,所以将 15 V 绕组串入初级绕组后,5 V 绕组的输出电压(U_{01})就变为

$$U_{01} = \frac{220n}{(220+15)n} \times 5 = 4.68 \text{ (V)}$$

　　同理,如果把15 V 绕组反串入初级绕组,再接入 220 V 电源,则 5 V 绕组的输出电压(U_{02})就变为

$$U_{02} = \frac{220n}{(220-15)n} \times 5 = 5.37 \text{ (V)}$$

2. 将此变压器的两个次级绕组头尾相串,就可以得到次级输出电压为

$$U_{03}=15+5=20 \text{ (V)}$$

反之,如果将它的两个次级绕组反向串联,其输出电压就成为

$$U_{04}=15-5=10 \text{ (V)}$$

3. 在将一台变压器的各个绕组进行串、并联使用时,应注意以下几个问题:

(1) 两个或多个次级绕组,即使输出电压不同,均可正向或反向串联使用,但串联后的绕组允许流过的电流应不大于其中最小的额定电流值。

(2) 两个或多个输出电压相同的绕组,可同相并联使用。并联后的负载电流可增加到并联前各绕组的额定电流之和,但不允许反相并联使用。

(3) 输出电压不相同的绕组,绝对不允许并联使用,以免由于绕组内部产生环流而烧坏绕组。

(4) 有多个抽头的绕组,一般只能取其中一组(任意两个端子)与其他绕组串联或并联使用。并联使用时,两端子间的电压应与被并绕组的电压相等。

(5) 变压器的各绕组之间的串、并联都为临时性或应急性使用。长期性的应用仍应采用规范设计的变压器。

三、实验设备与器件

1. 0～500 V交流电压表(D33)2只。

2. 15 V/0.3 A,5 V/0.3 A(220 V)实验变压器(DG08)。

四、实验内容与步骤

1. 用交流法判别变压器各绕组的同名端。

2. 将变压器的1、2两端接交流220 V,测量并记录两个次级绕组的输出电压。

3. 将1、3连通,2、4两端接交流220 V,测量并记录5、6两端的电压。

4. 将1、4连通,2、3两端接交流220 V,测量并记录5、6两端的电压。

5. 将4、5连通,1、2两端接交流220 V,测量并记录3、6两端的电压。

6. 将3、5连通,1、2两端接交流220 V,测量并记录4、6两端的电压。

五、实验注意事项

1. 由于实验中用到220 V交流电源,因此操作时应注意安全。做每个实验和测试之前,均应先将调压器的输出电压调为0 V,在接好连线和仪表,经检查无误后,再慢慢将调压器的输出电压调到220 V。测试、记录完毕后立即将调压器的输出电压调为0 V。

2. 在图1-12中,变压器两个次级绕组所标注的输出电压是在额定负载下的输出电压。本实验中所测得的各个次级绕组的电压实际上是空载电压,要比标注的电

压高。

六、预习思考题

1. 图 1-12 中变压器的初级额定电流是多少（变压器效率以 85％计）？
2. U_{02} 的计算公式是如何得出的？
3. 将变压器的不同绕组串联使用时，要注意什么？

七、实验总结

1. 总结变压器的几种连接方法及其使用条件。
2. 心得体会及其他。

实验六　三相交流电路电压、电流的测量

一、实验目的

1. 掌握三相负载作星形连接、三角形连接的方法，验证这两种接法的线、相电压及线、相电流之间的关系。
2. 充分理解三相四线制供电系统中中线的作用。

二、实验原理

1. 三相负载可接成星形（又称 Y 连接）或三角形（又称△连接）。当三相对称负载作 Y 连接时，线电压 U_L 是相电压 U_P 的 $\sqrt{3}$ 倍。线电流 I_L 等于相电流 I_P，即

$$U_L = \sqrt{3} U_P, \quad I_L = I_P$$

在这种情况下，流过中线的电流 $I_0 = 0$，所以可以省去中线。

当对称三相负载作△连接时，有

$$I_L = \sqrt{3} I_P, \quad U_L = U_P$$

2. 不对称三相负载作 Y 连接时，必须采用三相四线制接法，即 Y_0 接法。而且中线必须牢固连接，以保证三相不对称负载的每相电压维持对称不变。

倘若中线断开，会导致三相负载电压的不对称，从而使负载轻的那一相的相电压过高，负载遭受损坏；负载重的一相相电压过低，负载不能正常工作。尤其是对于三相照明负载，应无条件地采用 Y_0 连接。

3. 当不对称三相负载作△连接时，$I_L \neq \sqrt{3} I_P$，但只要电源的线电压 U_L 对称，加在三相负载上的电压仍是对称的，对各相负载工作没有影响。

三、实验设备与器件

1. 0～500 V 交流电压表(D33)。

2. 0～5 A 交流电流表(D32)。

3. 万用表(自备)。

4. 三相自耦调压器(DG01)。

5. 220 V/15 W 白炽灯三相灯组负载(DG08)9 个。

6. 电门插座(DG09)3 个。

四、实验内容与步骤

1. 三相负载 Y 连接(三相四线制供电)。按图 1-13 组接实验电路,即三相灯组负载经三相自耦调压器接通三相对称电源。将三相调压器的旋柄置于输出为 0 V 的位置(即逆时针旋到底)。经指导教师检查合格后,方可开启实验台电源,然后调节调压器的输出,使输出的三相线电压为 220 V,并按下述内容完成各项实验,分别测量三相负载的线电压、相电压、线电流、相电流、中线电流、电源与负载中点间的电压。将所测得的数据记入表 1-6 中,并观察各相灯组亮暗的变化程度,特别要注意观察中线的作用。

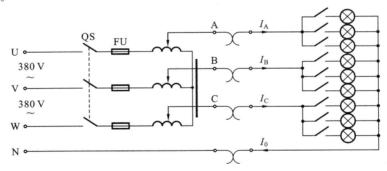

图 1-13

表 1-6

测量数据 实验内容 (负载情况)	开灯盏数			线电流/A			线电压/V			相电压/V			中线电流 I_0/A	中点电压 U_{N0}/V
	A相	B相	C相	I_A	I_B	I_C	U_{AB}	U_{BC}	U_{CA}	U_{A0}	U_{B0}	U_{C0}		
Y_0 连接平衡负载	3	3	3											
Y 连接平衡负载	3	3	3											

续表 1-6

测量数据 实验内容 （负载情况）	开灯盏数			线电流/A			线电压/V			相电压/V			中线 电流 I_0/A	中点 电压 U_{N0}/V
	A相	B相	C相	I_A	I_B	I_C	U_{AB}	U_{BC}	U_{CA}	U_{A0}	U_{B0}	U_{C0}		
Y_0 连接不平衡负载	1	2	3											
Y 连接不平衡负载	1	2	3											
Y_0 连接 B 相断开	1		3											
Y 连接 B 相断开	1		3											
Y 连接 B 相短路	1		3											

2. 三相负载△连接（三相三线制供电）。按图 1-14 改接电路，经指导教师检查合格后接通三相电源，并调节调压器，使其输出线电压为 220 V，并按表 1-7 的内容进行测试。

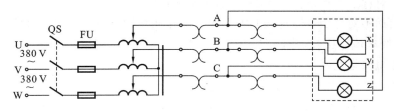

图 1-14

表 1-7

测量数据 负载情况	开灯盏数			线电压＝相电压/V			线电流/A			相电流/A		
	A—B 相	B—C 相	C—A 相	U_{AB}	U_{BC}	U_{CA}	I_A	I_B	I_C	I_{AB}	I_{BC}	I_{CA}
三相平衡	3	3	3									
三相不平衡	1	2	3									

五、实验注意事项

1. 本实验采用三相交流市电，线电压为 380 V，进实验室时应穿绝缘鞋。实验时要注意人身安全，不可触及导电部件，防止意外事故发生。

2. 每次接线完毕，同组同学应自查一遍，然后由指导教师检查后，方可接通电源，必须严格遵守"先断电、再接线、后通电；先断电、后拆线"的实验操作原则。

3. 星形负载做短路实验时,必须首先断开中线,以免发生短路事故。

4. 为避免烧坏灯泡,DG08 实验挂箱内设有过压保护装置。当任一相电压大于 245～250 V 时,即声光报警并跳闸。因此,在做 Y 连接不平衡负载或缺相实验时,所加线电压应以最高相电压小于 240 V 为宜。

六、预习思考题

1. 三相负载根据什么条件作 Y 连接或△连接?

2. 复习三相交流电路有关内容,试分析三相 Y 连接不对称负载在无中线情况下,当某相负载开路或短路时会出现什么情况? 如果接上中线,情况又如何?

3. 本实验中为什么要通过三相调压器将 380 V 的市电线电压降为 220 V 的线电压使用?

七、实验总结

1. 用实验测得的数据验证对称三相电路中的 $\sqrt{3}$ 倍关系。

2. 用实验数据和观察到的现象,总结三相四线供电系统中中线的作用。

3. 不对称三角形连接的负载,能否正常工作? 实验是否能证明这一点?

4. 根据不对称负载△连接时的相电流值作相量图,并求出线电流值,然后与实验测得的线电流作比较,分析之。

5. 心得体会及其他。

实验七　三相鼠笼式异步电动机

一、实验目的

1. 熟悉三相鼠笼式异步电动机的结构和额定值。
2. 学习检验三相鼠笼式异步电动机绝缘情况的方法。
3. 学习三相鼠笼式异步电动机定子绕组首、末端的判别方法。
4. 掌握三相鼠笼式异步电动机的启动和反转方法。

二、实验原理

1. 三相鼠笼式异步电动机的结构

异步电动机是基于电磁原理把交流电能转换为机械能的一种旋转电机。三相鼠笼式异步电动机的基本结构有定子和转子两大部分。

定子主要由定子铁芯、三相对称定子绕组和机座等组成,是电动机的静止部分。

三相定子绕组一般有六条引出线,出线端装在机座外面的接线盒内,如图 1-15 所示,根据三相电源电压的不同,三相定子绕组可以接成星形(Y)或三角形(△),然后与三相交流电源相连。

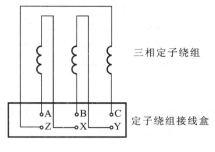

图 1-15

转子主要由转子铁芯、转轴、鼠笼式转子绕组、风扇等组成,是电动机的旋转部分。小容量鼠笼式异步电动机的转子绕组大都采用铝浇铸而成,冷却方式一般都采用扇冷式。

2. 三相鼠笼式异步电动机的铭牌

三相鼠笼式异步电动机的额定值标记在电动机的铭牌上,如下所示为本实验装置三相鼠笼式异步电动机的铭牌。

型号 DJ24   电压 380 V/220 V   接法 Y/△
功率 180 W   电流 1.13 A/0.65 A   转速 1 400 r/min

定额 连续

其中:

(1)功率。功率指额定运行情况下,电动机轴上输出的机械功率。

(2)电压。电压指额定运行情况下,定子三相绕组应加的电源线电压值。

(3)接法。接法指当额定电压为 380 V/220 V 时,定子三相绕组接法应为 Y/△ 接法。

(4)电流。电流指额定运行情况下,当电动机输出额定功率时,定子电路的线电流值。

3. 三相鼠笼式异步电动机的检查

电动机使用前应做必要的检查:

(1)机械检查。检查引出线是否齐全、牢靠;转子转动是否灵活、匀称,有否异常声响等。

(2)电气检查。

a. 用兆欧表检查电动机绕组间及绕组与机壳之间的绝缘性能。电动机的绝缘电阻可以用兆欧表进行测量。对额定电压 1 kV 以下的电动机,其绝缘电阻值最低不得小于 1000 Ω/V,测量方法如图 1-16 所示。一般 500 V 以下的中、小型电动机最低应具有 2 MΩ 的绝缘电阻。

b. 定子绕组首、末端的判别。异步电动机三相定子绕组的六个出线端有三个首端和三个末端。一般,首端标以 A、B、C,末端标以 X、Y、Z,在接线时如果没有按照首、末端的标记来接,则当电动机启动时磁势和电流就会不平衡,因而引起绕组发热、振动、有噪音,甚至电动机不能启动,因过热而烧毁。由于某种原因定子绕组六个出

图 1-16

线端标记无法辨认,可以通过实验方法来判别其首、末端(即同名端)。方法如下:

用万用表欧姆挡从六个出线端确定哪一对引出线是属于同一相的,分别找出三相绕组,并标以符号,如 A、X;B、Y;C、Z。将其中的任意两相绕组串联,如图 1-17 所示。

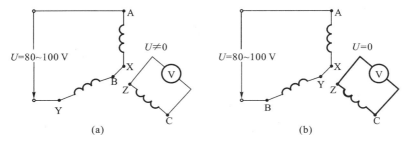

图 1-17

将控制屏三相自耦调压器手柄置零位,开启电源总开关,按下启动按钮,接通三相交流电源。调节调压器输出,在相串联两相绕组的出线端施以单相低电压 $U=80\sim100$ V,测出第三相绕组的电压,如测得的电压值有一定读数,表示两相绕组的末端与首端相连,如图 1-17(a)所示。反之,如测得的电压近似为零,则两相绕组的末端与末端(或首端与首端)相连,如图 1-17(b)所示。用同样方法可测出第三相绕组的首、末端。

4. 三相鼠笼式异步电动机的启动

鼠笼式异步电动机的直接启动电流可达额定电流的 4~7 倍,但持续时间很短,不致引起电动机过热而烧坏。但对容量较大的电动机,过大的启动电流会导致电网电压的下降而影响其他负载的正常运行,通常采用降压启动,最常用的是 Y/△换接启动,它可使启动电流减小到直接启动的 1/3。其使用的条件是正常运行必须作△接法。

5. 三相鼠笼式异步电动机的反转

异步电动机的旋转方向取决于三相电源接入定子绕组时的相序,故只要改变三相电源与定子绕组连接的相序即可使电动机改变旋转方向。

三、实验设备与器件

1. 380 V、220 V 三相交流电源(DG01)。

2. 三相鼠笼式异步电动机(DJ24)。

3. 500 V 兆欧表(自备)。

4. 0～500 V 交流电压表(D33)。

5. 0～5 A 交流电流表(D32)。

6. 万用表(自备)。

四、实验内容与步骤

1. 抄录三相鼠笼式异步电动机的铭牌数据,并观察其结构。

2. 用万用表判别定子绕组的首、末端。

3. 用兆欧表测量电动机的绝缘电阻。

各相绕组之间的绝缘电阻:

A 相与 B 相_____(MΩ);

A 相与 C 相_____(MΩ);

B 相与 C 相_____(MΩ)。

绕组对地(机座)之间的绝缘电阻:

A 相与地(机座)_____(MΩ);

B 相与地(机座)_____(MΩ);

C 相与地(机座)_____(MΩ)。

4. 鼠笼式异步电动机的直接启动。

(1) 采用 380 V 三相交流电源。将三相自耦调压器手柄置于输出电压为零的位置;控制屏上三相电压表切换开关置"调压输出"侧;根据电动机的容量选择交流电流表合适的量程。

开启控制屏上三相电源总开关,按启动按钮,此时自耦调压器原绕组端 U_1、V_1、W_1 得电,调节调压器输出使 U、V、W 端输出线电压为 380 V,三只电压表指示应基本平衡。保持自耦调压器手柄位置不变,按停止按钮,自耦调压器断电。

a. 按图 1-18 接线,电动机三相定子绕组接成 Y 接法;供电线电压为 380 V;实验线路中 Q 及 FU 由控制屏上的接触器 KM 和熔断器 FU 代替,学生可由 U、V、W 端子开始接线,以后各控制实验均同此。

b. 按控制屏上启动按钮,电动机直接启动,观察启动瞬间电流冲击情况及电动机旋转方向,记录启动电流。当启动运行稳定后,将电流表量程切换至较小量程挡位上,记录空载电流。

c. 电动机稳定运行后,突然拆除 U、V、W 中的任一相电源(注意小心操作,以免触电),观测电动机单相运行时电流表的读数并记录。再仔细倾听电动机的运行声音有何变化(可由指导教师做示范操作)。

d. 电动机启动之前先断开 U、V、W 中的任一相,做缺相启动,观察电流表读数,记录之,观察电动机有否启动,再仔细倾听电动机是否发出异常的声响。

e. 实验完毕,按控制屏停止按钮,切断实验电路三相电源。

(2) 采用 220 V 三相交流电源。调节调压器输出使输出线电压为 220 V,电动机定子绕组接成△接法。按图 1-19 接线,重复上述(1)中各项内容,记录之。

5. 异步电动机的反转。电路如图 1-20 所示,按控制屏启动按钮,启动电动机,观察启动电流及电动机旋转方向是否反转?

实验完毕,将自耦调压器调回零位,按控制屏停止按钮,切断实验电路三相电源。

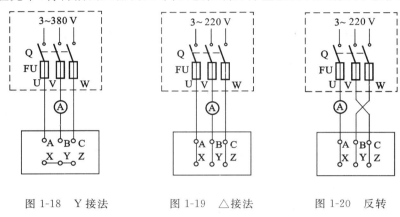

图 1-18   Y 接法   图 1-19   △接法   图 1-20   反转

五、实验注意事项

1. 本实验是强电实验,接线前(包括改接电路)、实验后都必须断开实验电路的电源,特别改接电路和拆线时必须遵守"先断电、后拆线"的原则。电动机在运转时,电压和转速均很高,切勿触碰导电和转动部分,以免发生人身和设备事故。为了确保安全,学生应穿绝缘鞋进入实验室。接线或改接电路必须经指导教师检查后方可进行实验。

2. 启动电流持续时间很短,且只能在接通电源的瞬间读取电流表指针偏转的最大读数(因指针偏转的惯性,此读数与实际的启动电流数据略有偏差),如错过这一瞬间,须将电动机停车,待停稳后,重新启动,读取数据。

3. 单相(即缺相)运行时间不能太长,以免过大的电流导致电动机的损坏。

六、预习思考题

1. 如何判断异步电动机的六个引出线? 如何连接成 Y 或△? 又根据什么来确定该电动机应作 Y 连接还是△连接?

2. 缺相是三相电动机运行中的一大故障,在启动或运转时发生缺相,会出现什么现象? 有何后果?

3. 电动机转子被卡住不能转动,如果定子绕组接通三相电源将会发生什么后果?

七、实验总结

1. 总结对三相鼠笼式异步电动机绝缘性能检查的结果,判断该电动机是否完好可用?

2. 对三相鼠笼式异步电动机的启动、反转及各种故障情况进行分析。

实验八　三相鼠笼式异步电动机正、反转控制

一、实验目的

1. 通过对三相鼠笼式异步电动机正、反转控制电路的安装接线,掌握由电气原理图接成实际操作电路的方法。

2. 加深对电气控制系统各种保护、自锁、互锁等环节的理解。

3. 学会分析、排除继电-接触控制线路故障的方法。

二、实验原理

在三相鼠笼式异步电动机正、反转控制电路中,通过相序的更换来改变电动机的旋转方向。本实验给出两种不同的正、反转控制电路如图 1-21、图 1-22 所示,具有如下特点:

1. 电气互锁。为了避免接触器 KM_1(正转)、KM_2(反转)同时得电吸合造成三相电源短路,在 KM_1(KM_2)线圈支路中串接有 KM_2(KM_1)常闭触头,它们保证了电路工作时 KM_1、KM_2 不会同时得电(见图 1-21),以达到电气互锁目的。

2. 电气和机械双重互锁。除电气互锁外,可再采用复合按钮 SB_1 与 SB_2 组成的机械互锁环节(见图 1-22),使电路工作更加可靠。

3. 电路具有短路、过载、失压、欠压保护等功能。

三、实验设备与器件

1. 220 V 三相交流电源(DG01)。

2. DJ24 三相鼠笼式异步电动机。

3. JZC4-40 交流接触器(D61-2)2 台。

4. 按钮(D61-2)3 个。

5. 热继电器(D61-2)。

6. 0～500 V 交流电压表(D33)。

7. 万用表(自备)。

四、实验内容与步骤

认识各电器的结构、图形符号、接线方法;抄录电动机及各电器的铭牌数据;并用万用表 Ω 挡检查各电器线圈、触头是否完好。鼠笼机接成△接法;实验电路电源端接三相自耦调压器输出端 U、V、W,供电线电压为 220 V。

1. 接触器联锁的正、反转控制电路

按图 1-21 接线,经指导教师检查后,方可进行通电操作。

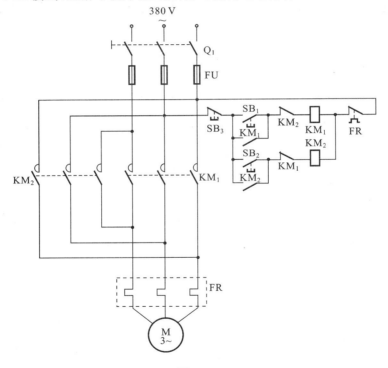

图 1-21

(1) 开启控制屏电源总开关,按启动按钮,调节调压器输出,使输出线电压为 220 V。

(2) 按正向启动按钮 SB₁,观察并记录电动机的转向和接触器的运行情况。

(3) 按反向启动按钮 SB₂,观察并记录电动机和接触器的运行情况。

(4) 按停止按钮 SB₃,观察并记录电动机的转向和接触器的运行情况。

(5) 再按按钮 SB₂,观察并记录电动机的转向和接触器的运行情况。

(6) 实验完毕,按控制屏停止按钮,切断三相交流电源。

2. 接触器和按钮双重联锁的正、反转控制电路

按图 1-22 接线,经指导教师检查后,方可进行通电操作。

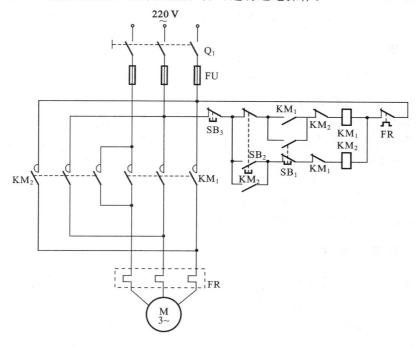

图 1-22

(1) 按控制屏启动按钮,接通 220 V 三相交流电源。

(2) 按正向启动按钮 SB_1,电动机正向启动,观察电动机的转向及接触器的动作情况。按停止按钮 SB_3,使电动机停转。

(3) 按反向启动按钮 SB_2,电动机反向启动,观察电动机的转向及接触器的动作情况。按停止按钮 SB_3,使电动机停转。

(4) 按正向(或反向)启动按钮,电动机启动后,再去按反向(或正向)启动按钮,观察有何情况发生?

(5) 电动机停稳后,同时按正、反向两个启动按钮,观察有何情况发生?

(6) 失压与欠压保护。

a. 按启动按钮 SB_1(或 SB_2)电动机启动后,按控制屏停止按钮,断开实验电路三相电源,模拟电动机失压(或零压)状态,观察电动机与接触器的动作情况,随后,再按控制屏上启动按钮,接通三相电源,但不按 SB_1(或 SB_2),观察电动机能否自行启动?

b. 重新启动电动机后,逐渐减小三相自耦调压器的输出电压,直至接触器释放,观察电动机是否自行停转。

(7) 过载保护。打开热继电器的后盖,当电动机启动后,人为地拨动双金属片,

模拟电动机过载情况,观察电动机、电器动作情况。

注意:此项内容,较难操作且危险,有条件可由指导教师做示范操作。

实验完毕,将自耦调压器调回零位,按控制屏停止按钮,切断实验电路电源。

四、故障分析

1. 接通电源后,按启动按钮(SB_1 或 SB_2),接触器吸合,但电动机不转且发出"嗡嗡"声;或者虽能启动,但转速很慢。这种故障大多是主回路一相断线或电源缺相。

2. 接通电源后,按启动按钮(SB_1 或 SB_2),若接触器通断频繁,且发出连续的"噼啪"声或吸合不牢,发出颤动声,此类故障原因可能是:

(1) 电路接错,将接触器线圈与自身的常闭触头串在一个回路上了。

(2) 自锁触头接触不良,时通时断。

(3) 接触器铁芯上的短路环脱落或断裂。

(4) 电源电压过低或与接触器线圈电压等级不匹配。

五、预习思考题

1. 在电动机正、反转控制电路中,为什么必须保证两台接触器不能同时工作?采用哪些措施可解决此问题? 这些方法有何利弊? 最佳方案是什么?

3. 在控制电路中,短路、过载、失或欠压保护等功能是如何实现的? 在实际运行过程中,这几种保护有何意义?

第二部分

电机拖动实训

实验一　三相异步电动机点动和自锁控制线路

一、实验目的

1. 通过对三相异步电动机点动控制和自锁控制线路的实际安装接线，掌握由电气原理图变换成安装接线图的知识。

2. 通过实验进一步加深理解点动控制和自锁控制的特点以及在机床控制中的应用。

二、选用组件

1. 实验设备

(1) △/220 V 三相鼠笼式异步电动机(DJ24)。

(2) 继电接触控制挂箱 D61、D62 各 1 件。

2. 屏上挂件排列顺序

D61、D62。

注意：若无 D62 挂箱，图中的 Q_1 和 FU 可用控制屏上的接触器和熔断器代替，学生可从 U、V、W 端子开始接线。以后同此。

三、实验方法

实验前要检查控制屏左侧端面上的调压器旋钮是否在零位，下面"直流电动机电源"的"电枢电源"开关及"励磁电源"开关是否在"关"断位置。开启"电源总开关"，按下启动按钮，旋转调压器旋钮将三相交流电源输出端 U、V、W 的线电压调到 220 V。再按下控制屏上的"关"按钮以切断三相交流电源。以后在实验接线之前都应如此。

1. 三相异步电动机点动控制线路

按图 2-1 接线，图中 SB_1、KM_1 选用 D61 上元器件，Q_1、FU_1、FU_2、FU_3、FU_4 选用 D62 挂件，电动机选用 DJ24(△/220 V)。接线时，先接主线路，它是从 220 V 三相交流电源的输出端 U、V、W 开始，经三刀开关 Q_1，熔断器 FU_1、FU_2、FU_3，接触器 KM_1 主触点到电动机 M 的三个线端 A、B、C 的线路，用导线按顺序串联起来，有三路。主线路经检查无误后，再接控制线路，它是从熔断器 FU_4 插孔 V 开始，经按钮 SB_1 常开，接触器 KM_1 线圈到插孔 W。

线接好，并经指导老师检查无误后，按下列步骤进行实验：

(1) 按下控制屏上"开"按钮。

(2) 先合开关 Q_1，接通三相交流 220 V 电源。

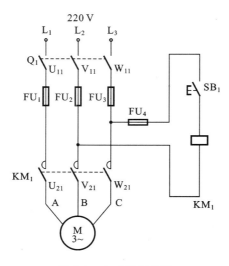

图 2-1　点动控制线路

（3）按下启动按钮 SB_1，对电动机 M 进行点动操作，比较按下 SB_1 和松开 SB_1 时电动机 M 的运转情况。

2. 三相异步电动机自锁控制线路

按下控制屏上的"关"按钮，以切断三相交流电源。按图 2-2 接线，图中 SB_1、SB_2、KM_1、FR_1 选用 D61 挂件，Q_1、FU_1、FU_2、FU_3、FU_4 选用 D62 挂件，电动机选用 DJ24（△/220 V）。

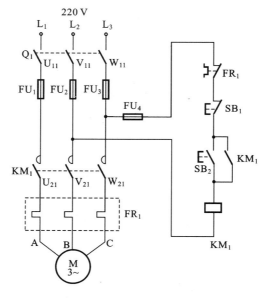

图 2-2　自锁控制线路

检查无误后,启动电源进行实验:

(1) 合上开关 Q_1,接通三相交流 220 V 电源。

(2) 按下启动按钮 SB_2,松手后观察电动机 M 运转情况。

(3) 按下停止按钮 SB_1,松手后观察电动机 M 运转情况。

3. 三相异步电动机既可点动又可自锁控制线路

按下控制屏上"关"按钮,切断三相交流电源后,按图 2-3 接线,图中 SB_1、SB_2、SB_3、KM_1、FR_1 选用 D61 挂件,Q_1、FU_1、FU_2、FU_3、FU_4 选用 D62 挂件,电动机选用 DJ24($\triangle$/220 V)。

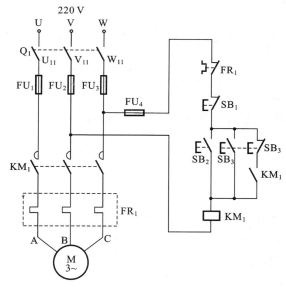

图 2-3 既可点动又可自锁控制线路

检查无误后通电实验:

(1) 合上开关 Q_1,接通三相交流 220 V 电源。

(2) 按下启动按钮 SB_2,松手后观察电动机 M 是否继续运转。

(3) 运转 30 s 后按下 SB_3,然后松开,电动机 M 是否停转;连续按下和松开 SB_3,观察此时属于什么控制状态。

(4) 按下停止按钮 SB_1,松手后观察 M 是否停转。

四、讨论题

1. 试分析什么叫点动,什么叫自锁,并比较图 2-1 和图 2-2 在结构和功能上有什么区别?

2. 图中各个电器如 Q_1、FU_1、FU_2、FU_3、FU_4、KM_1、FR、SB_1、SB_2、SB_3 各起什么作用? 已经使用了熔断器为何还要使用热继电器? 已经有了开关 Q_1,为何还要使用接触器 KM₁？

3. 图 2-2 电路能否对电动机实现过流、短路、欠压和失压保护？

4. 画出图 2-1、图 2-2、图 2-3 的工作原理流程图。

实验二　三相异步电动机的正、反转控制线路

一、实验目的

1. 通过对三相异步电动机正、反转控制线路的接线,掌握由电路原理图接成实际操作电路的方法。

2. 掌握三相异步电动机正、反转的原理和方法。

3. 掌握手动控制正、反转控制,接触器联锁正、反转,按钮联锁正、反转控制及按钮和接触器双重联锁正、反转控制线路的不同接法,并熟悉在操作过程中有哪些不同之处。

二、选用组件

1. 实验设备

(1) △/220 V 三相鼠笼式异步电动机(DJ24)。

(2) 继电接触控制挂箱 D61、D62 各 1 件。

2. 屏上挂件排列顺序

D61、D62。

三、实验方法

1. 倒顺开关正、反转控制线路

(1) 旋转调压器旋钮将三相调压电源 U、V、W 输出线电压调到 220 V,按下"关"按钮切断交流电源。

(2) 按图 2-4 接线,图中 Q₁(作模拟倒顺开关)、FU₁、FU₂、FU₃ 选用 D62 挂件,电动机选用 DJ24(△/220 V)。

(3) 启动电源后,把开关 Q₁ 合向"左合"位置,观察电动机转向。

(4) 运转 30 s 后,把开关 Q₁ 合向"断开"位置后,再扳向"右合"位置,观察电动机转向。

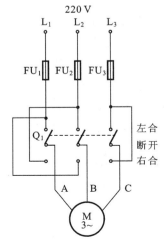

图 2-4　倒顺开关正、反转控制线路

2. 接触器联锁正、反转控制线路

（1）按下"关"按钮切断交流电源。按图 2-5 接线，图中 SB$_1$、SB$_2$、SB$_3$、KM$_1$、KM$_2$、FR$_1$ 选用 D61 挂件，Q$_1$、FU$_1$、FU$_2$、FU$_3$、FU$_4$ 选用 D62 挂件，电动机选用 DJ24（△/220 V）。经指导老师检查无误后，按下"开"按钮通电操作。

（2）合上开关 Q$_1$，接通 220 V 三相交流电源。

（3）按下 SB$_1$，观察并记录电动机 M 的转向、接触器自锁和联锁触点的吸断情况。

（4）按下 SB$_3$，观察并记录 M 的运转状态、接触器各触点的吸断情况。

（5）再按下 SB$_2$，观察并记录 M 的转向、接触器自锁和联锁触点的吸断情况。

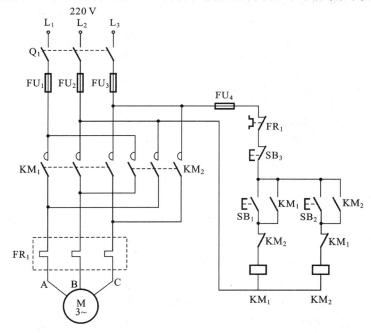

图 2-5　接触器联锁正、反转控制线路

3. 按钮联锁正、反转控制线路

（1）按下"关"按钮切断交流电源。按图 2-6 接线，图中 SB$_1$、SB$_2$、SB$_3$、KM$_1$、KM$_2$、FR$_1$ 选用 D61 挂件，Q$_1$、FU$_1$、FU$_2$、FU$_3$、FU$_4$ 选用 D62 挂件，电动机选用 DJ24（△/220 V）。经检查无误后，按下"开"按钮通电操作。

（2）合上开关 Q$_1$，接通 220 V 三相交流电源。

（3）按下 SB$_1$，观察并记录电动机 M 的转向、各触点的吸断情况。

（4）按下 SB$_3$，观察并记录电动机 M 的转向、各触点的吸断情况。

（5）按下 SB$_2$，观察并记录电动机 M 的转向、各触点的吸断情况。

4. 按钮和接触器双重联锁正、反转控制线路

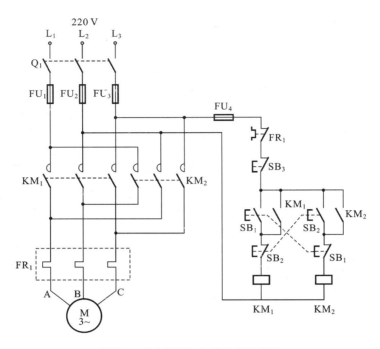

图 2-6　按钮联锁正、反转控制线路

(1) 按下"关"按钮,切断三相交流电源。按图 2-7 接线,图中 SB$_1$、SB$_2$、SB$_3$、KM$_1$、KM$_2$、FR$_1$ 选用 D61 挂件,Q$_1$、FU$_1$、FU$_2$、FU$_3$、FU$_4$ 选用 D62 挂件,电动机选用 DJ24(△/220 V)。经检查无误后,按下"开"按钮通电操作。

(2) 合上开关 Q$_1$,接通 220 V 交流电源。

(3) 按下 SB$_1$,观察并记录电动机 M 的转向、各触点的吸断情况。

(4) 按下 SB$_2$,观察并记录电动机 M 的转向、各触点的吸断情况。

(5) 按下 SB$_3$,观察并记录电动机 M 的转向、各触点的吸断情况。

四、讨论题

1. 在图 2-4 中,欲使电动机反转,为什么要把手柄扳到"停止",使电动机 M 停转后,才能扳向"反转",使之反转,若直接扳至"反转"会造成什么后果?

2. 试分析图 2-4、图 2-5、图 2-6、图 2-7 各有什么特点?并画出运行原理流程图。

3. 图 2-5、图 2-6 虽然也能实现电动机正、反转直接控制,但容易产生什么故障,为什么? 图 2-7 比图 2-5 和图 2-6 有什么优点?

4. 接触器和按钮的联锁触点在继电接触控制中起到什么作用?

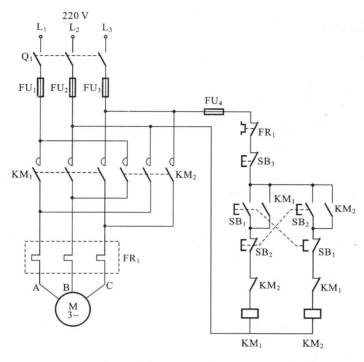

图 2-7　按钮和接触器双重联锁正、反转控制线路

实验三　工作台自动往返循环控制线路

一、实验目的

1. 通过对工作台自动往返循环控制线路的实际安装、接线,掌握由电气原理图变换成安装接线图的方法,掌握行程控制中行程开关的作用以及在机床电路中的应用。

2. 通过实验进一步加深自动往返循环控制在机床线路中的应用场合。

二、选用组件

1. 实验设备

(1) △/220 V 三相鼠笼式异步电动机(DJ24)。

(2) 继电接触控制挂箱 D61、D62 各 1 件。

2. 屏上挂件排列顺序

D61、D62。

三、实验方法

1. 图 2-8(a)为控制线路图，图 2-8(b)为示意图。当工作台的挡块停在行程开关

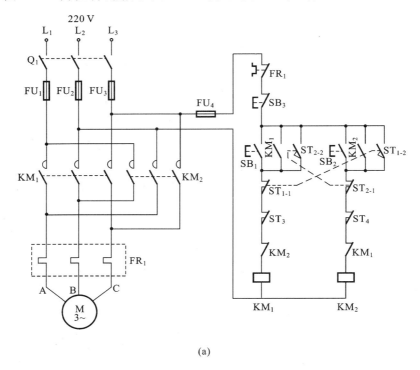

(a)

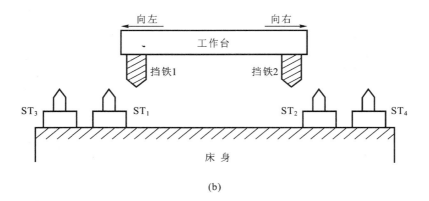

(b)

图 2-8　工作台自动往返循环控制线路

ST$_1$ 和 ST$_2$ 之间任何位置时,可以按下任一启动按钮 SB$_1$ 或 SB$_2$ 使之运行。例如按下 SB$_1$,电动机正转带动工作台左进,当工作台到达终点时挡块压下终点行程开关 ST$_1$,使其常闭触点 ST$_{1-1}$ 断开,接触器 KM$_1$ 因线圈断电而释放,电动机停转;同时行程开关 ST$_1$ 的常开触电 ST$_{1-2}$ 闭合,使接触器 KM$_2$ 通电吸合且自锁,电动机反转,拖动工作台向右移动;同时 ST$_1$ 复位,为下次正转作准备,当电动机反转拖动工作台向右移动到一定位置时,挡块 2 碰到行程开关 ST$_2$,使 ST$_{2-1}$ 断开,KM$_2$ 断电释放,电动机停电释放,电动机停转;同时常开触点 ST$_{2-2}$ 闭合,使 KM$_1$ 通电并自锁,电动机又开始正转,如此反复循环,使工作台在预定行程内自动反复运动。

2. 按图 2-8(a)接线。图中 SB$_1$、SB$_2$、SB$_3$、FR$_1$、KM$_1$、KM$_2$ 选用 D61 挂件,Q$_1$、FU$_1$、FU$_2$、FU$_3$、FU$_4$、ST$_1$、ST$_2$、ST$_3$、ST$_4$ 选用 D62 挂件,电动机选用 DJ24 ($\triangle$/220 V)。

经指导老师检查无误后通电操作:

(1) 合上开关 Q$_1$,接通 220 V 三相交流电源。

(2) 按 SB$_1$ 按钮,使电动机正转约 10 s。

(3) 用手按 ST$_1$(模拟工作台左进到终点,挡块压下行程开关 ST$_1$),电动机应停止正转并变为反转。

(4) 反转约 30 s,用手压 ST$_2$(模拟工作台右进到终点,挡块压下行程开关 ST$_2$),电动机应停止反转并变为正转。

(5) 正转 10 s 后按下 ST$_3$ 和反转 10 s 后按下 ST$_4$,观察电动机运转情况。

(6) 重复上述步骤,线路应能正常工作。

四、讨论题

1. 行程开关主要用于什么场合? 它是运用什么来达到行程控制? 行程开关一般安装在什么地方?

2. 图中 ST$_3$、ST$_4$ 在行程控制中起什么作用?

3. 列举几种限位保护的机床控制实例。

实验四　顺序控制线路

一、实验目的

1. 通过各种不同顺序控制的接线,加深对一些特殊要求机床控制线路的了解。

2. 进一步加深学生的动手能力和理解能力,使理论知识和实际经验有效地结合。

二、选用组件

1. 实验设备

(1) △/220 V 三相鼠笼式异步电动机 DJ16、DJ24 各 1 件。

(2) 继电接触控制挂箱 D61、D62 各 1 件。

2. 屏上挂件排列顺序

D61、D62。

三、实验方法

1. 三相异步电动机启动顺序控制(一)

按图 2-9 接线,图中 SB_1、SB_2、SB_3、FR_1、KM_1、KM_2 选用 D61 挂件,Q_1、FU_1、FU_2、FU_3、FU_4、FR_2 选用 D62 挂件,电动机 M_1 选用 DJ16(△/220 V),电动机 M_2 选用 DJ24(△/220 V)。

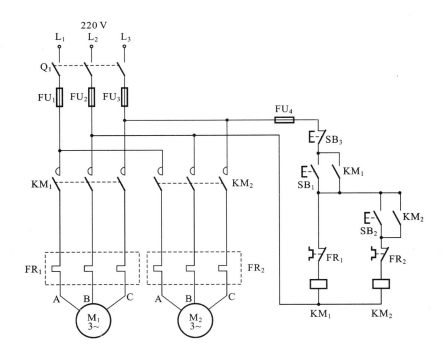

图 2-9　启动顺序控制(一)

(1) 按下启动按钮,合上开关 Q_1,接通 220 V 三相交流电源。

(2) 按下 SB_1,观察电动机运行情况及接触器吸合情况。

（3）保持 M₁ 运转时按下 SB₂，观察电动机运转及接触器吸合情况。

（4）分析在 M₁ 和 M₂ 都运转时，能不能单独停止 M₂。

（5）按下 SB₃ 使电动机停转后，先按 SB₂，分析电动机 M₂ 为什么不能启动。

2．三相异步电动机启动顺序控制（二）

按图 2-10 接线，图中 SB₁、SB₂、SB₃、FR₁、KM₁、KM₂ 选用 D61 挂件，Q₁、FU₁、FU₂、FU₃、FU₄、SB₄、FR₂ 选用 D62 挂件，电动机 M₁ 选用 DJ16，电动机 M₂ 选用 DJ24。

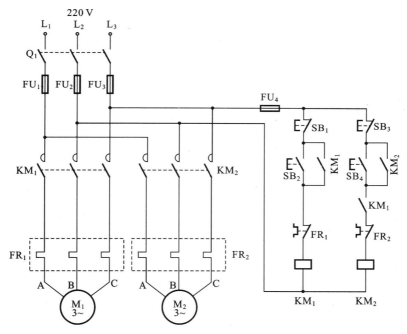

图 2-10　启动顺序控制（二）

（1）按下屏上启动按钮，合上开关 Q₁，接通 220 V 三相交流电源。

（2）按下 SB₂，观察并记录电动机及各接触器运行状态。

（3）再按下 SB₄，观察并记录电动机及各接触器运行状态。

（4）单独按下 SB₃，观察并记录电动机及各接触器运行状态。

（5）在 M₁ 与 M₂ 都运行时，按下 SB₁，观察电动机及各接触器运行状态。

3．三相异步电动机停止顺序控制

确保断电后，按图 2-11 接线，图中 SB₁、SB₂、SB₃、FR₁、KM₁、KM₂ 选用 D61 挂件，Q₁、FU₁、FU₂、FU₃、FU₄、SB₄、FR₂ 选用 D62 挂件，电动机 M₁ 用 DJ16（△/220 V），电动机 M₂ 用 DJ24（△/220 V）。

（1）按下屏上启动按钮，合上开关 Q₁，接通 220 V 三相交流电源。

（2）按下 SB₂，观察并记录电动机及接触器运行状态。

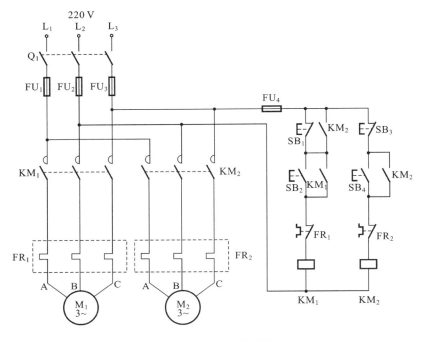

图 2-11　停止顺序控制

（3）同时按下 SB$_4$，观察并记录电动机及接触器运行状态。

（4）在 M$_1$ 与 M$_2$ 都运行时，单独按下 SB$_1$，观察并记录电动机及接触器运行状态。

（5）在 M$_1$ 与 M$_2$ 都运行时，单独按下 SB$_3$，观察并记录电动机及接触器运行状态。

（6）按下 SB$_3$ 使 M$_2$ 停止后再按 SB$_1$，观察并记录电动机及接触器运行状态。

四、讨论题

1. 画出图 2-9、图 2-10、图 2-11 的运行原理流程图。

2. 比较图 2-9、图 2-10、图 2-11 三种线路的不同点并说明它们各自的特点。

3. 列举几个顺序控制的机床控制实例，并说明其用途。

实验五　两地控制线路

一、实验目的

1. 掌握两地控制的特点，使学生对机床控制中两地控制有感性的认识。

2. 通过该实验的接线,掌握两地控制在机床控制中的应用场合。

二、选用组件

1. 实验设备

(1) △/220 V 三相鼠笼式异步电动机(DJ24)。

(2) 继电接触控制挂箱 D61、D62 各 1 件。

2. 屏上挂件排列顺序

D61、D62。

三、实验方法

1. 三相异步电动机两地控制

在确保断电情况下按图 2-12 接线,图中 SB_1、SB_2、SB_3、FR_1、KM_1 选用 D61 挂件,Q_1、FU_1、FU_2、FU_3、FU_4、SB_4 选用 D62 挂件,电动机选用 DJ24(△/220 V)。

(1) 按下屏上启动按钮,合上开关 Q_1,接通 220 V 三相交流电源。

(2) 按下 SB_2,观察电动机及接触器运行状况。

(3) 按下 SB_1,观察电动机及接触器运行状况。

(4) 按下 SB_4,观察电动机及接触器运行状况。

(5) 按下 SB_3,观察电动机及接触器运行状况。

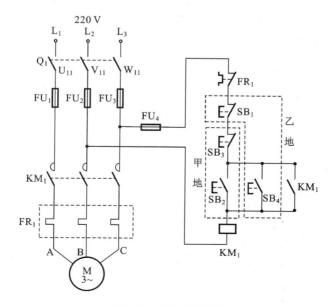

图 2-12　两地控制线路

四、讨论题

1. 什么叫两地控制？两地控制有何特点？
2. 两地控制的接线原则是什么？

实验六　三相鼠笼式异步电动机的降压启动控制线路

一、实验目的

1. 通过对三相异步电动机降压启动的接线，进一步掌握降压启动在机床控制中的应用。
2. 了解不同降压启动控制方式时电流和启动转矩的差别。
3. 掌握在各种不同场合下应用何种启动方式。

二、选用组件

1. 实验设备
(1) △/220 V 三相鼠笼式异步电动机 DJ16、DJ24 各 1 件。
(2) 继电接触控制挂箱 D61、D62 各 1 件。
(3) 三相可调电阻箱(D41)。
(4) 交流电流表(D32)。
2. 屏上挂件排列顺序
D41、D61、D62、D32。

三、实验方法

1. 手动接触器控制串电阻降压启动控制线路
把三相可调电压调至线电压 220 V，按下屏上"关"按钮。按图 2-13 接线，图中 FR_1、SB_1、SB_2、SB_3、KM_1、KM_2 选用 D61 挂件，Q_1、FU_1、FU_2、FU_3、FU_4 选用 D62 挂件，R 用 D41 上 180 Ω 电阻，安培表用 D32 上 2.5 A 挡，电动机用 DJ24($△$/220 V)。
(1) 按下"开"按钮，合上开关 Q_1，接通 220 V 交流电源。
(2) 按下 SB_1，观察并记录电动机串电阻启动运行情况与安培表读数。
(3) 再按下 SB_2，观察并记录电动机全压运行情况与安培表读数。
(4) 按下 SB_3 使电动机停转后，按住 SB_2 不放，再同时按 SB_1，观察并记录全压启动时电动机和接触器运行情况与安培表读数。

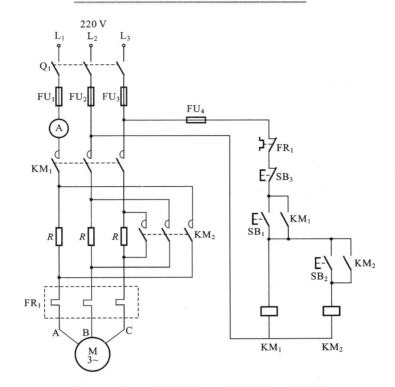

图 2-13　手动接触器控制串电阻降压启动控制线路

（5）试比较 $I_{串电阻}/I_{直接}=$ _____，并分析差异原因。

2. 时间继电器控制串电阻降压启动控制线路

关断电源后，按图 2-14 接线，图中 FR_1、SB_1、SB_2、KM_1、KM_2、KT_1 选用 D61 挂件，Q_1、FU_1、FU_2、FU_3、FU_4 选用 D62 挂件，R 选用 D41 上 180 Ω 电阻，安培表选用 D32 上 2.5 A 挡，电动机用 DJ24（△/220 V）。

（1）启动电源，合上开关 Q_1，接通 220 V 交流电源。

（2）按下 SB_2，观察并记录电动机串电阻启动时各接触器吸合情况、电动机运行状态与安培表读数。

（3）时间继电器 KT_1 吸合后，观察并记录电动机全压运行时各接触器吸合情况、电动机运行状态与安培表读数。

3. 接触器控制 Y-△降压启动控制线路

关断电源后，按图 2-15 接线，图中 FR_1、SB_1、SB_2、SB_3、KM_1、KM_2、KM_3 选用 D61 挂件，Q_1、FU_1、FU_2、FU_3、FU_4 选用 D62 挂件，安培表选用 D32 上 2.5 A 挡，电动机选用 DJ24（△/220 V）。

（1）启动控制屏，合上开关 Q_1，接通 220 V 交流电源。

（2）按下 SB_1，电动机作 Y 接法启动，注意观察启动时，电流表最大读数 $I_{Y启动}=$

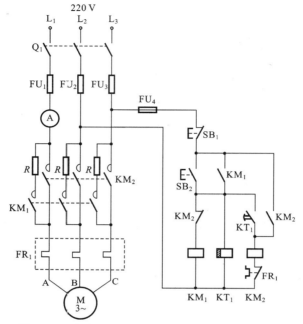

图 2-14　时间继电器控制串电阻降压启动控制线路

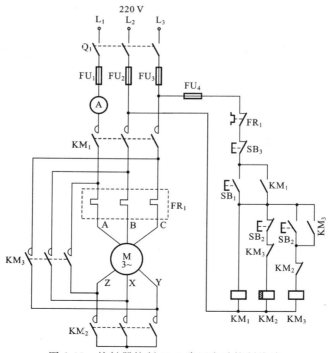

图 2-15　接触器控制 Y-△降压启动控制线路

_____ A。

（3）按下 SB$_2$，使电动机为△接法正常运行，注意观察△接法运行时，电流表电流为 $I_{\triangle 运行} =$ _____ A。

（4）按 SB$_3$ 停止后，先按下 SB$_2$，再同时按下启动按钮 SB$_1$，观察电动机在△接法直接启动时电流表最大读数 $I_{\triangle 启动} =$ _____ A。

（5）比较 $I_{Y 启动}/I_{\triangle 启动} =$ _____，结果说明什么问题？

4. 时间继电器控制 Y-△降压启动控制线路

关断电源后，按图 2-16 接线，图中 FR$_1$、SB$_1$、SB$_2$、KM$_1$、KM$_2$、KM$_3$、KT$_1$ 选用 D61 挂件，Q$_1$、FU$_1$、FU$_2$、FU$_3$、FU$_4$ 选用 D62 挂件，安培表选用 D32 上 2.5 A 挡，电动机选用 DJ24（△/220 V）。

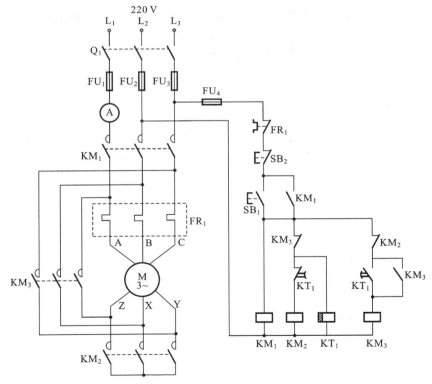

图 2-16　时间继电器控制 Y-△降压启动控制线路

（1）启动控制屏，合上开关 Q$_1$，接通 220 V 三相交流电源。

（2）按下 SB$_1$，电动机作 Y 接法启动，观察并记录电动机运行情况与交流电流表读数。

（3）经过一定时间延时，电动机按△接法正常运行后，观察并记录电动机运行情况与交流电流表读数。

（4）按下 SB$_2$，电动机 M 停止运转。

四、讨论题

1. 画出图 2-13、图 2-14、图 2-15、图 2-16 的工作原理流程图。

2. 时间继电器在图 2-14、图 2-16 中的作用是什么？

3. 图 2-14 比图 2-13 的串电阻方法有什么优点？

4. 采用 Y-△降压启动的方法时对电动机有何要求？

5. 降压启动的最终目的是控制什么物理量？

6. 降压启动的自动控制与手动控制线路相比较，有哪些优点？

实验七　三相绕线式异步电动机的
启动控制线路

一、实验目的

1. 通过对三相线绕式异步电动机的启动控制线路的实际安装接线，掌握由电路原理图接成实际操作电路的方法。

2. 熟练掌握三相线绕式异步电动机的启动应用在何种场合，并有何特点？

二、选用组件

1. 实验设备

（1）继电接触控制挂箱 D61、D62 各 1 件。

（2）三相可调电阻箱（D41）。

（3）交流电流表（D32）。

（4）Y/220 V 三相线绕式异步电动机（DJ17）。

2. 屏上挂件排列顺序

D61、D62、D32、D41。

三、实验方法

1. 时间继电器控制线绕式异步电动机启动控制线路

将可调三相输出线电压调至 220 V，再按下"关"按钮切断电源后，按图2-17接线，图中 FR$_1$、SB$_1$、SB$_2$、KM$_1$、KM$_2$、KT$_1$ 选用 D61 挂件，Q$_1$、FU$_1$、FU$_2$、FU$_3$、FU$_4$、Q$_1$ 选用 D62 挂件，R 选用 D41 上 180 Ω 电阻，安培表选用 D32 上 1 A 挡。经检查无误后，按下列步骤操作：

（1）按下"开"按钮，合上开关 Q_1，接通 220 V 三相交流电源。

（2）按 SB_1，观察并记录电动机 M 的运转情况。电动机启动时电流表的最大读数为_____ A。

（3）经过一段时间延时，启动电阻被切除后，电流表的读数为_____ A。

（4）按下 SB_2，电动机停转后，用导线把电动机转子短接。

（5）再按下 SB_1，记录电动机启动时电流表的最大读数为_____ A。

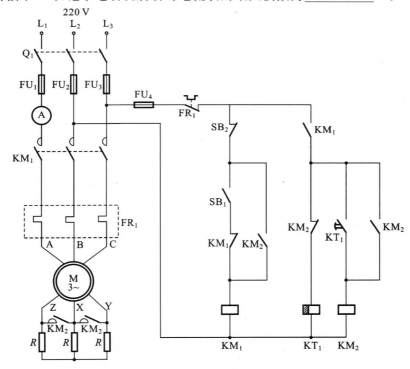

图 2-17 时间继电器控制线绕式异步电动机启动控制线路

四、讨论题

1. 三相线绕式异步电动机转子串电阻可以减小启动电流，提高功率因数增加启动转矩外，还可以进行什么？

2. 三相线绕式电动机的启动方法有哪几种？什么叫频敏变阻器，有何特点？

实验八　双速异步电动机的控制线路

一、实验目的

1. 掌握由线路原理图转换到实际操作接线的方法。
2. 掌握双速异步电动机定子绕组接法不同时转速的差异。

二、选用组件

1. 实验设备
(1) 继电接触控制挂箱 D61、D62、D63 各 1 件。
(2) 交流电流表(D32)。
(3) 双速异步电动机(DJ22)。
2. 屏上挂件排列顺序
D61、D62、D63、D32。

三、实验方法

1. 双速异步电动机的控制线路

启动控制屏,将三相调压输出线电压调至 220 V,按下"关"按钮。按图 2-18 接线,图中 SB_1、SB_2、KM_1、KM_2 选用 D61 挂件,Q_1、FU_1、FU_2、FU_3、FU_4、KA_1 选用 D62 挂件,KT_2 选用 D63 挂件,安培表选用 D32 上 5 A 挡,电动机选用 DJ22。经检查无误后按以下步骤操作:

(1) 启动电源,按下 SB_2,电动机按△接法启动,观察并记录电动机转速和安培表最大读数为_____ A。

(2) 经过一段时间延时后,电动机按双 Y 接法运行,观察并记录电动机转速和安培表读数为_____ A。

(3) 按下 SB_1,电动机停止运转。

四、讨论题

1. 双速电动机是靠改变什么来改变转速?
2. 从△接法换接成双 Y 接法应注意哪些问题?

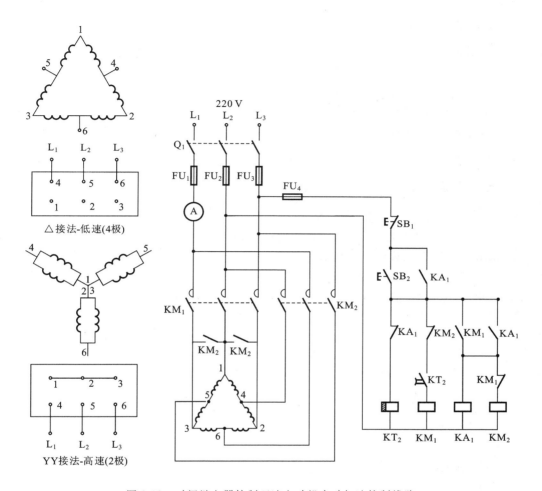

图 2-18　时间继电器控制双速电动机自动加速控制线路

实验九　三相异步电动机的制动控制线路

一、实验目的

1. 通过各种制动的实际接线,了解不同制动的特点和适用的范围。
2. 充分掌握各种制动的原理。

二、选用组件

1. 实验设备

(1) △/220 V 三相鼠笼式异步电动机 DJ16、D24 各 1 件。

(2) 继电接触控制挂箱 D61、D62、D63 各 1 件。

(3) 三相可调电阻箱(D41)。

2. 屏上挂件排列顺序

D61、D62、D63、D41。

三、实验方法

1. 双向启动反接制动控制线路

调节三相输出线电压可调为 220 V,按下"关"按钮。按图 2-19 接线,图中 FR_1、SB_1、SB_2、SB_3、KM_1、KM_2、KM_3 选用 D61 挂件,KA_1、KA_2、Q_1、Q_2(模拟速度继电器)、FU_1、FU_2、FU_3、FU_4 选用 D62 挂件,KA_3、KA_4 选用 D63 挂件,R 选用 D41 上 180 Ω 电阻,电动机选用 DJ16(或 DJ24)。经检查无误后按以下步骤通电操作,其工作原理流程图如下:

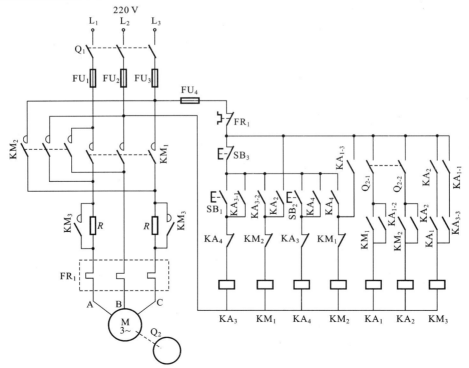

图 2-19 双向启动反接制动控制线路

启动控制屏，合上开关 Q_1。

正转启动过程如下：

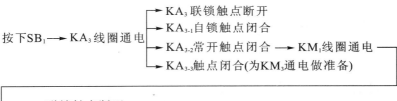

按下SB_1 ⟶ KA_3线圈通电
- ⟶ KA_3联锁触点断开
- ⟶ KA_{3-1}自锁触点闭合
- ⟶ KA_{3-2}常开触点闭合 ⟶ KM_1线圈通电
- ⟶ KA_{3-3}触点闭合(为KM_3通电做准备)

- ⟶ KM_1联锁触点断开
- ⟶ KM_1主触点闭合 ⟶ 电动机串R降压启动 $\xrightarrow{n至一定值}$ Q_2触点闭合(合上Q_2，模拟速度继电器闭合)
- ⟶ KM_1常开触点闭合(为KA_1线圈通电做准备)

⟶ KA_1线圈通电
- ⟶ KA_{1-1}触点闭合 ⟶ KM_3线圈通电
- ⟶ KA_{1-2}自锁触点闭合
- ⟶ KA_{1-3}触点闭合(为KM_2线圈通电做准备)

⟶ KM_3主触点闭合(电阻R被短接) ⟶ 电动机全压运行

停车制动过程如下：

按下SB_3 ⟶ KA_3线圈通电
- ⟶ KA_3联锁触点断开
- ⟶ KA_{3-1}自锁触点闭合
- ⟶ KA_{3-2}触点断开 ⟶ KM_1线圈断电
- ⟶ KA_{3-3}触点断开 ⟶ KM_3线圈断电

⟶ KM_3主触点断开 ⟶ 电阻R被接入

- ⟶ KM_1联锁触点闭合 ⟶ KM_2线圈通电 ⟶ KM_2主触点闭合
- ⟶ KM_1主触点断开 ⟶ 电动机断电(惯性运转)
- ⟶ KM_1常开触点断开

⟶ 电动机接制动 $\xrightarrow{n很低时}$ Q_2触点断开(用手合上Q_2，模拟速度继电器断开)

- ⟶ KA_{1-1}常开触点断开
- ⟶ KA_{1-2}自锁触点断开
- ⟶ KA_{1-3}触点断开 ⟶ KM_2线圈断电 ⟶ KM_3主触点断开(制动结束)

2. 异步电动机能耗制动控制线路

开启交流电源，将三相输出线电压调至 220 V，按下"关"按钮。按图 2-20 接线，图中 SB$_1$、SB$_2$、KM$_1$、KM$_2$、KT$_1$、FR$_1$、T、B、R 选用 D61 挂件，FU$_1$、FU$_2$、FU$_3$、FU$_4$、Q$_1$ 选用 D62 挂件，安培表选用 D31 上 5 A 挡。经检查无误后，按以下步骤通电操作：

（1）启动控制屏，合上开关 Q$_1$，接通 220 V 三相交流电源。

（2）调节时间继电器，使延时时间为 5 s。

（3）按下 SB$_1$，使电动机 M 启动运转。

（4）待电动机运转稳定后，按下 SB$_2$，观察并记录电动机 M 从按下 SB$_1$ 起至电动机停止旋转的能耗制动时间。

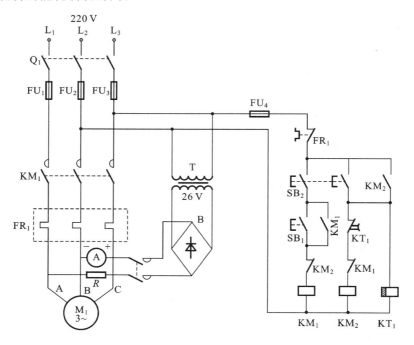

图 2-20　异步电动机能耗制动控制线路

四、讨论题

1. 分析反接制动和能耗制动的制动原理各有什么特点？两者适用在哪些场合？

2. 速度继电器在反接制动中起什么作用？

3. 画出图 2-19 中电动机反转时的反接制动原理流程图，再画出图 2-20 的原理流程图。

实验十 C620车床的电气控制线路

一、实验目的

1. 通过对 C620 车床电气控制线路的接线,使学生真正掌握机床控制的原理。
2. 使学生真正从书本走向实际,接触实际的机床控制。

二、选用组件

1. 实验设备
(1) △/220 V 三相鼠笼式异步电动机 DJ16、DJ24 各 1 件。
(2) 继电接触控制挂箱 D61、D62 各 1 件。
2. 屏上挂件排列顺序
D61、D62。

三、实验方法

调节三相输出线电压 220 V,按下"关"按钮。按图 2-21 接线,图中 FR_1、SB_1、SB_2、KM_1、T、HL_1、HL_2、KM_2 选用 D61 挂件,Q_1、Q_2、Q_3、FR_2、FU_1、FU_2、FU_3、FU_4、EL 选用 D62 挂件,电动机 M_1 选用 DJ16($△/220$ V),M_2 选用 DJ24($△/220$ V)。接线完毕后,检查无误后,按以下步骤操作:

(1) 启动控制屏,合上开关 Q_1,接通 220 V 交流电源。
(2) 按下 SB_1 按钮,KM_1 通电吸合,主轴电动机 M_1 启动运转。
(3) 合上开关 Q_2,冷却泵电动机 M_2 启动运转。
(4) 按下 SB_2 按钮,KM_1 线圈断电,主轴电动机 M_1 断电停止运转,同时冷却泵电动机 M_2 也停止运转。
(5) 图中 EL 为机床工作灯,由开关 Q_3 控制。

四、讨论题

1. 试分析冷却泵电动机为什么接在 KM_1 下面?
2. 分析 C620 车床控制线路具有什么保护?

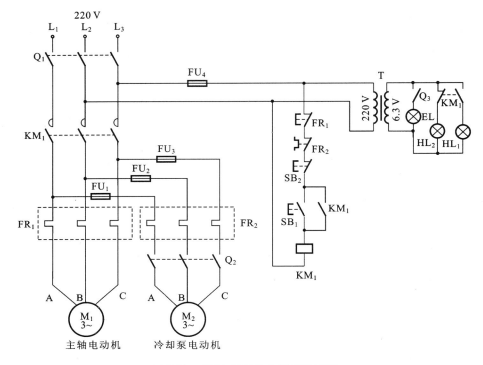

图 2-21　C620 车床的电气控制线路

第三部分

"机械制图"课程设计

"机械制图"课程设计

一、制图测绘的目的

"机械制图"课程是研究机械图样的绘制与识读规律的一门实践性很强的技术基础课程。在完成课堂教学以后,学生们在零件的测绘、零件图与装配图的画法等方面还有很大的欠缺。为加强实践性教学环节,更好地使理论与实际相结合,应进行1周的制图测绘训练,使学生们提高实际动手能力,熟练工具书的使用,进一步掌握手工绘图与仪器绘图的方法,培养严谨的工作作风,为后续课程打下扎实的基础。

二、制图测绘的内容和要求

1. 测绘内容

一级圆柱齿轮减速器由机盖、机座、齿轮、齿轮轴、轴、滚动轴承、键等零件组成,是工程上具有典型性和代表性的部件。

2. 要求

(1)熟悉减速器的工作原理、基本结构,了解各零件的作用,并能正确地拆卸和安装。

(2)严格按照国家标准的规定,绘制零件图和装配图,独立按时完成绘图任务。

三、制图测绘的任务

(1)零件测绘图一套。

(2)手工绘制装配图一张(A1图纸)。

测绘工作量及进度计划表如表3-1所示。

表 3-1 测绘工作量及进度计划表

序 号	内 容	图 纸	时间/d
1	布置测绘任务,阅读测绘指导书,拆卸部件		0.5
2	画全部图(标准件除外)		1.5
3	减速器装配图	A1一张	2.5
4	总结,验收,上交		0.5
5	合计		5.0

四、制图测绘的基础知识

制图测绘的一般步骤是先根据减速器实物,分析其工作原理,画装配示意图,进行零件测绘,画出零件草图;由零件草图整理画出零件测绘图及装配图。

1. 零件的测绘方法

零件的测绘就是依据实际零件画出它的图形,测量出它的尺寸和制订出它的技术要求。测绘在实际应用时,应首先画出零件草图(徒手画),然后根据零件草图画零件工作图,为设计机器、修配零件和准备配件创造条件。在该课程的测绘中,就是根据零件草图画出零件测绘图及装配图。

2. 测绘的工具和方法

(1)常用的测量工具如图 3-1 所示。

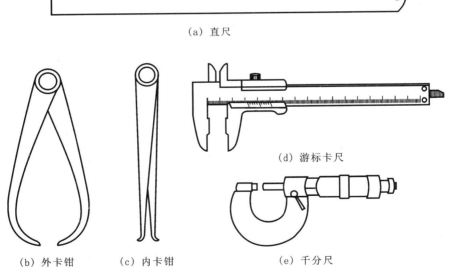

(a) 直尺

(b) 外卡钳　　(c) 内卡钳　　(d) 游标卡尺　　(e) 千分尺

图 3-1

(2)测绘工具的使用及常用的测量方法如图 3-2 所示。

a. 测量直线尺寸。

b. 测量回转面的直径。

c. 测量阶梯孔的直径。

3. 典型零件的测绘

(1)齿轮的测绘。

测绘齿轮时,除轮齿外,其余部分与一般零件的测绘方法相同。这里只介绍标准齿轮轮齿的测量方法。

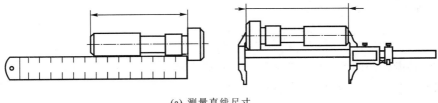

(a) 测量直线尺寸

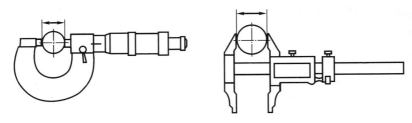

(b) 测量回转面的直径

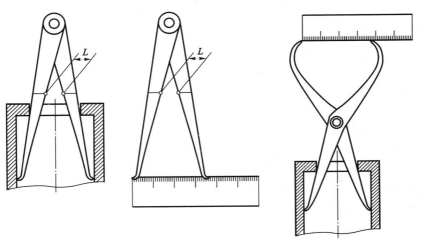

(c) 测量阶梯孔的直径

图 3-2

① 直齿轮的测绘。测绘直齿轮时,主要是确定模数 m 与齿数 z,然后根据有关的计算公式算出各基本尺寸。其步骤如下:

a. 数出被测齿轮的齿数 z。

b. 测量齿顶圆直径 d_a。当齿轮的齿数是偶数时,d_a 可以直接量出;若齿数为奇数时,d_a 可由 $2e+D$ 算出,如图 3-3 所示。e 是齿顶到轴孔的距离,D 为齿轮的轴孔直径。

c. 根据公式 $m=d_a/(z+2)$,计算出模数 m,然后从标准中选取相近的模数值。

d. 根据标准模数,利用公式计算出各基本尺寸 d、h、h_a、h_f、d_a、d_f 等。

e. 所得尺寸要与实测的中心距 a 核对,必须符合下列公式:

$$a = \frac{d_1}{2} + \frac{d_2}{2} = \frac{mz_1}{2} + \frac{mz_2}{2} = \frac{1}{2}(z_1 + z_2)$$

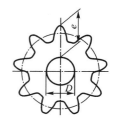

图 3-3　齿轮的测量

② 斜齿轮的测绘。测绘斜齿轮时,主要是确定出基本参数:法向模数 m_n、齿数 z 和螺旋角 β,然后根据有关表中的公式,算出各基本尺寸,其步骤如下:

a. 数出被测齿轮的齿数 z。

b. 测量出齿顶圆直径 d_a 和齿根圆直径 d_f(方法与测绘直齿轮相同)。

c. 根据 $d_a = d + 2m_n$ 和 $d_f = d - 2.5m_n$,则 $m_n = \dfrac{d_a - d_f}{4.5}$,算出法向模数 m_n。算出的模数要圆整为相近的标准模数。

d. 根据 $d_a = d + 2m_n$,算出分度圆直径 $d = d_a - 2m_n$。

e. 根据 $d = m_n z / \cos\beta$,算出螺旋角 β,并记下螺旋线的旋向。

f. 所得螺旋角 β 要与实测的中心距 a 核对,必须符合上列公式:

$$a = \frac{d_1}{2} + \frac{d_2}{2} = \frac{m_n}{2}(z_1 + z_2) = \frac{1}{2}\frac{m_n}{\cos\beta}(z_1 + z_2)$$

g. 测量其他各部分尺寸。

(2) 螺纹的测绘。测绘螺纹时,可采用如下步骤:

① 确定螺纹线数及旋向。

② 测量螺距。可用拓印法,即将螺纹放在纸上压出痕迹并测量。为准确起见,可先测量出几个螺距的长度(p),然后除以螺距的数量(n),即 $P = p/n$,如图 3-4 所示。也可用螺纹规,选择与被测螺纹能完全吻合的规片,其上刻有螺纹牙型和螺距,即可直接确定,如图 3-5 所示。

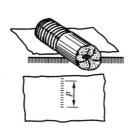

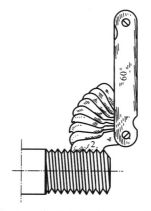

图 3-4　用拓印法测量螺纹的螺距　　　　图 3-5　用螺纹规测量螺纹的螺距

③ 用游标尺测大径。内螺纹的大径无法直接测出,可先测小径,然后由《机械制图》课本附录查出大径。

④ 查标准,定代号。根据牙型、螺距和大径(或小径),查有关标准,定出螺纹代号。

4. 画零件草图的方法与步骤

(1) 准备工作。在画零件草图之前,应该对零件进行详细的分析:

① 零件的名称和用途。

② 零件是由什么材料制成。

③ 对零件进行结构分析。因为零件的每个结构都有一定的功用,所以必须弄清它们的功用。这项工作对破旧、磨损和带有某些缺陷的零件的测绘尤为重要。在分析的基础上,把它改正过来,只有这样,才能完整、清晰、简便地表达它们的结构与形状,并且完整、合理、清晰地标注出它们的尺寸。

④ 对该零件进行工艺分析。因为同一零件可以按不同的加工顺序制造,故其结构形状的表达、基准的选择和尺寸的标注也不一样。

⑤ 拟定该零件的表达方案。通过上述分析,对该零件的认识更深刻一些,在此基本础上再来确定主视图、视图数量和表达方法。

(2) 画零件草图的步骤。

① 在图纸上定出各个视图的位置。画出各视图的基准线、中心线,如图 3-6(a)所示。安排各视图的位置时,要考虑到各视图间应有标注尺寸的地方,画出右下角的标题栏。

② 详细地画出零件的外部及内部的结构形状,如图 3-6(b)所示。

③ 选择基准和画尺寸线、尺寸界线及箭头。经过仔细校核后,将全部轮廓线描深,画出剖面符号等。熟练时,也可一次画好,如图 3-6(c) 所示。

④ 测量尺寸,定出技术要求,并将尺寸数字、技术要求记入图中,如图 3-6(d) 所示。应该把零件上全部尺寸集中一起测量,使有联系的尺寸能够联系起来,这不但可以提高工作效率,还可以避免错误和遗漏尺寸。

5. 制图测绘的要求

(1) 零件草图要符合零件工作图的全部内容要求,视图表达、尺寸标注要完整,零件的材料可参考有关资料。

(2) 标准件不用测绘,根据有关数据,查出结构、尺寸和规定标记。

(3) 齿轮测绘后,要校对两轴中心距是否符合 $a = m/2(z_1 + z_2)$。

(4) 注意配合尺寸的一致。

① 齿轮孔与轴径的配合。

② 轴承内孔与轴径的配合,轴承外径与机座、机盖孔的配合。

③ 各可通端盖、端盖孔与轴径的配合等。

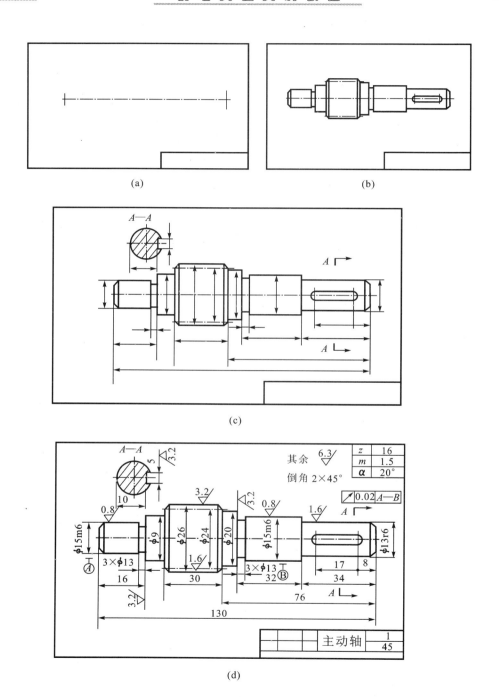

图 3-6　零件草图的画图步骤

（5）在图样上特别要求把齿轮啮合的画法、键连接的画法表达清楚，如图 3-7 所示。

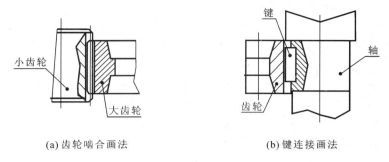

(a) 齿轮啮合画法　　　　　　　　　　(b) 键连接画法

图 3-7　齿轮啮合和键连接的画法

五、减速器的测绘和装配图画法

1. 测绘的步骤

（1）对部件进行全面了解和分析了解部件的工作原理、装配关系、各零件之间的相对位置以及运动件与非运动件的确定。

（2）拆卸部件。根据实物模型将部件分成几个部分，按照顺序依次拆卸。对不可拆卸连接和过盈配合的零件尽量不拆，以免损坏零件。

（3）画装配示意图。按照国家标准规定，用简单的图线和一些简图符号，采用简化画法和习惯画法，画出零件的大致轮廓。画装配示意图时，一般从主要零件入手，然后按装配顺序逐个画上其他零件。通常对各零件的表达不受前后层次、可见与不可见的限制，尽可能把所有零件集中画在一个视图上。如有必要，也可补充在其他视图上。

（4）画零件草图。根据画零件草图的步骤，逐个画出各个零件的草图。根据零件草图和装配示意图画出装配图，再由装配图拆画零件工作图。

2. 装配图的画法

（1）分析。根据减速器的特点，选择由主、俯和左三个主要视图来表达其内、外结构形状，主视图采用局部剖视，以表达壁厚、油孔和螺纹连接等；俯视图采用沿结合面剖切的全剖视图，以表达轴、齿轮、轴承、键和端盖等；左视图主要表达外部形状。图 3-8 为减速器的装配示意图；图 3-9～图 3-13 为减速器零件草图（备注：为了便于学生参考，选用手画草图）。

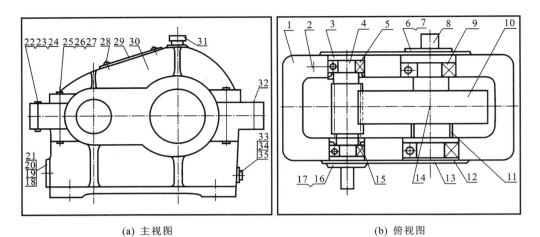

(a) 主视图   (b) 俯视图

图 3-8　减速器的装配示意图

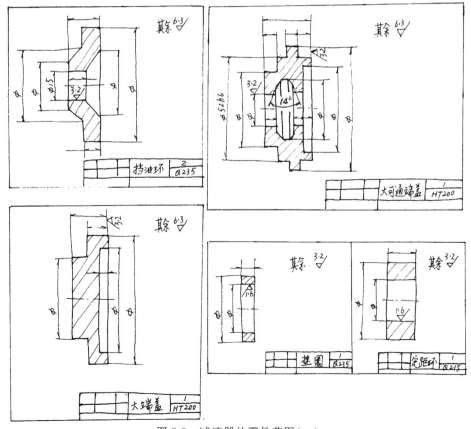

图 3-9　减速器的零件草图(一)

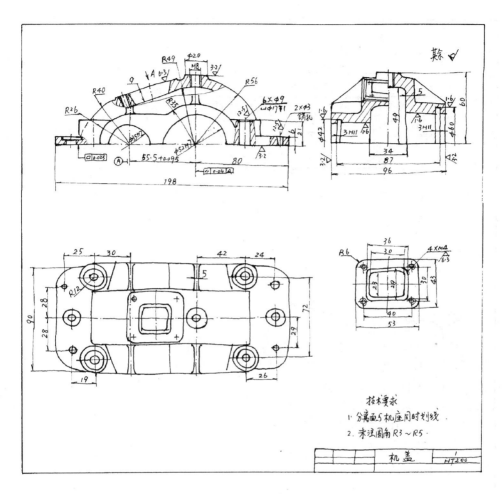

图 3-10 减速器的零件草图(二)

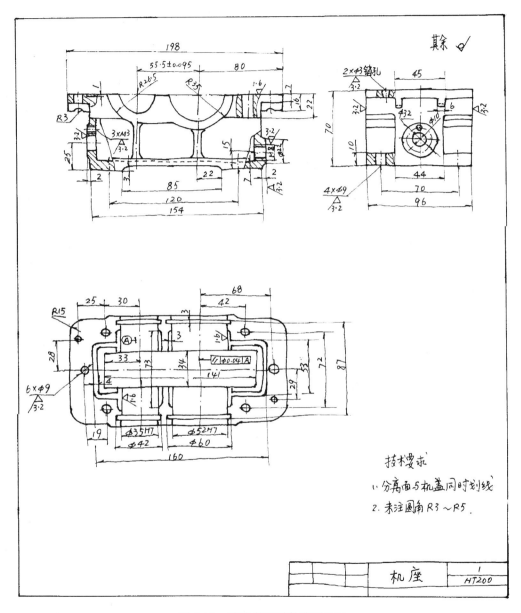

图 3-11　减速器的零件草图（三）

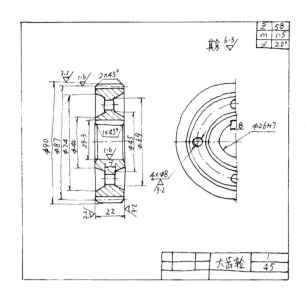

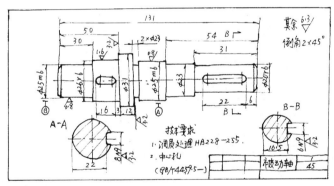

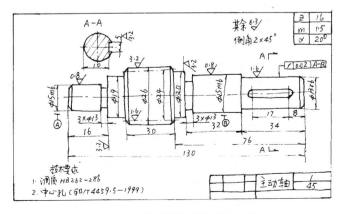

图 3-12 减速器的零件草图(四)

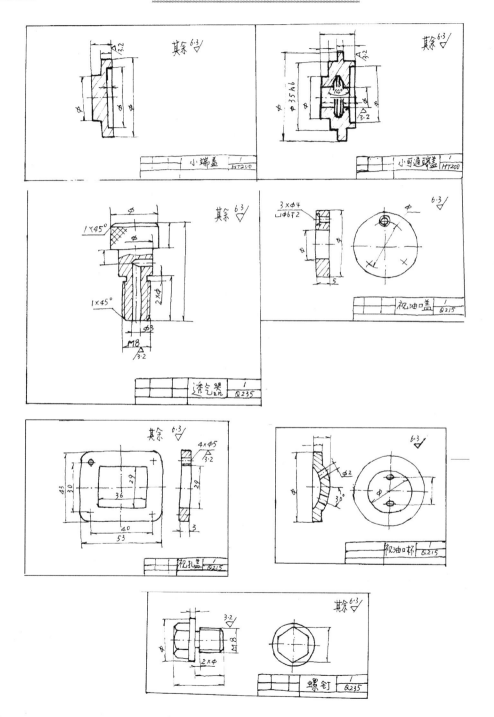

图 3-13　减速器的零件草图(五)

（2）减速器装配图的画图步骤。

① 根据表达方案、画主要基准线，即画出三视图中主动轴和被动轴装配干线的轴线和中心线；主、左视图中的底面和俯视图中主要对称面的对称线，如图 3-14 所示。

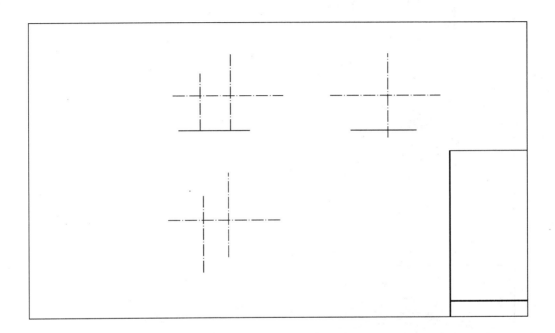

图 3-14　画主要基准线

② 画图时一般可从主视图画起，几个视图配合一起画。也可先画俯视图（剖视图），然后再画主、左视图。画每个视图时，应该先从主要装配干线画起，逐个向外扩展。如俯视图，在画出两轴后，然后画与齿轮轴啮合的大齿轮，再将齿轮轴、从动轴两端各个零件（挡圈、挡油盘、轴承、调整环和轴端盖）依次由里向外画出，最后画出减速器座。有时，也可以先画减速器座，然后分别将两轴按轴承盖、调整环、轴承、挡油盘、齿轮和轴等顺序依次由外向里画出，如图 3-15 所示。

③ 完成主要装配干线后，再将其他装配结构一一画完，如图 3-16 所示。

④ 完成全图。

⑤ 编序号、填写明细栏、标题栏和技术要求。

⑥ 检查、描深，如图 3-17 所示。

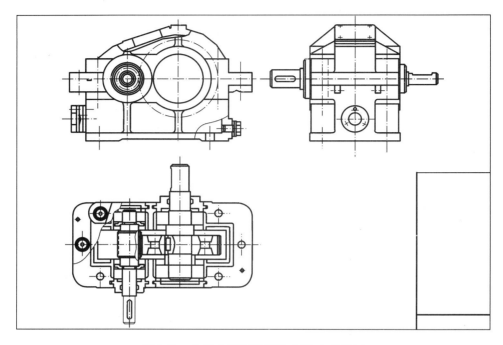

图 3-15　先画主要装配干线,逐次向外扩展

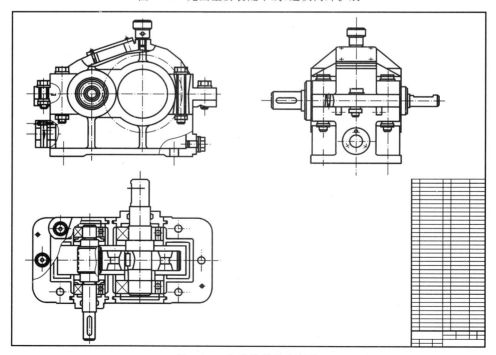

图 3-16　完成其他装配结构

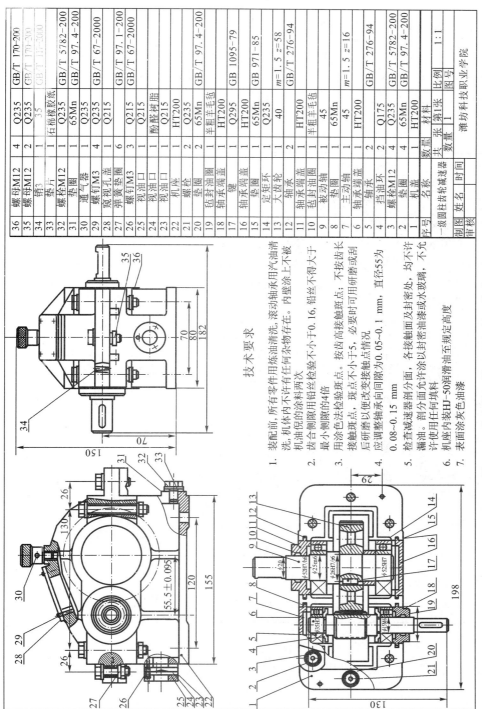

序号	名称	数量	材料	
36	螺母M12	4	Q235	GB/T 170-200
35	螺母M12	2	Q235	GB/T 170-200
34	销3	1	35	GB/T 117-300
33	垫片	1	石棉橡胶纸	
32	螺栓M12	1	Q235	GB/T 5782-200
31	垫圈M12	1	65Mn	GB/T 97.4-200
30	通气器	1	Q235	
29	螺钉M3	4	Q235	GB/T 67-2000
28	观视孔盖	1	Q215	
27	弹簧垫圈	6	Q215	GB/T 97.1-200
26	螺钉M3	3	Q215	GB/T 67-2000
25	视油口	1		
24	视油口	1	酚醛树脂	
23	视油口	1	Q215	
22	机座	1	HT200	
21	螺栓	2	Q235	
20	垫圈	2	65Mn	GB/T 97.4-200
19	毡封油圈	1	半粗羊毛毡	
18	轴承端盖	1	HT200	
17	轴承端盖	1	HT200	
16	垫圈	1	65Mn	GB 1095-79
15	定距环	1	Q235	GB 971-85
14	大齿轮	1	40	$m=1.5$ $z=58$
13	轴承端盖	2		GB/T 276-94
12	轴承盖	1		
11	毡封油圈	1	半粗羊毛毡	
10	毡封油圈	1	45	
9	被动轴	1	45	
8	主动轴	1	65Mn	
7	轴承端盖	1	HT200	
6	轴承盖	1	45	$m=1.5$ $z=16$
5	轴承环	2	HT200	
4	挡油环	1	Q175	
3	螺栓M12	2	Q235	GB/T 5782-200
2	垫圈	4	65Mn	GB/T 97.4-200
1	机盖	1	HT200	

一级圆柱齿轮减速器　共　张　第　张　比例　1:1
制图　姓名　时间　数量　1　图号
审核　潍坊科技职业学院

技术要求

1. 装配前,所有零件用煤油清洗,滚动轴承用汽油清洗,机体内不许有任何杂物存在。内壁涂上不被机油侵蚀的涂料两次
2. 齿合侧隙用铅丝检验不得小于0.16,铅丝不得大于最小侧隙的4倍
3. 用涂色法检验齿点。按齿高接触斑点,不按齿长接触斑点,斑点不小于5,必要时可用研磨或刮后研磨以便改变接触情况
4. 调整减速器应涂整轴向间隙为0.05~0.1 mm,直径55为0.08~0.15 mm
5. 检查减速器剖分面,各接触面及封密处,均不许漏油。剖分面允许涂以封密油漆或水玻璃,不允许使用任何填料
6. 机座内装HJ-50润滑油至规定高度
7. 表面涂灰色油漆

图3-17 编写序号、填写明细栏、检查、描深

六、减速器主要的零件工作图

零件工作图是实际生产中加工、测量和检验的依据。根据装配图画出零件图是一项重要的生产准备工作,下面给出减速器主要的零件:机盖、机座、齿轮、轴和小齿轮轴的零件工作图(见图 3-18～图 3-22),作为参考。

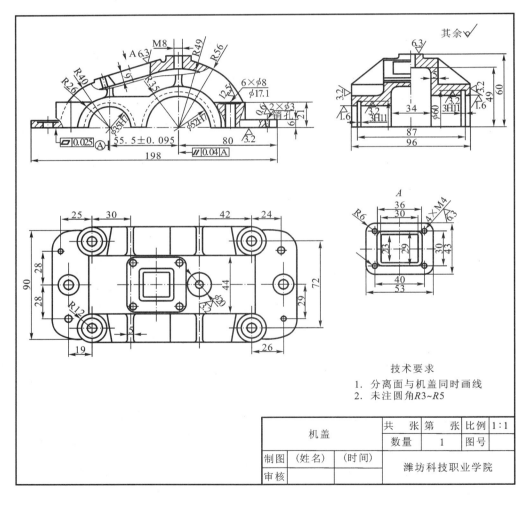

图 3-18　机盖零件工作图

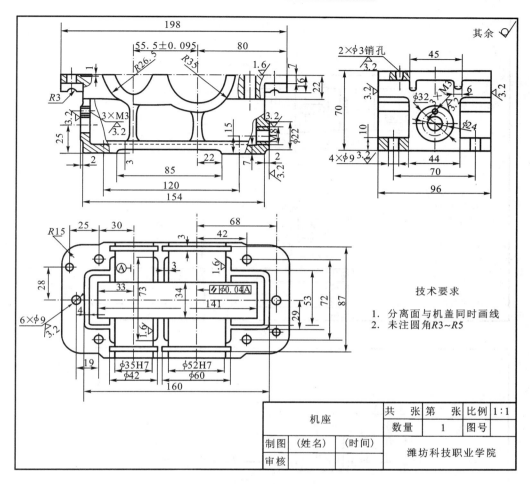

图 3-19 机座零件工作图

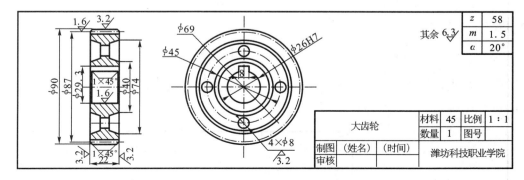

图 3-20 齿轮零件工作图

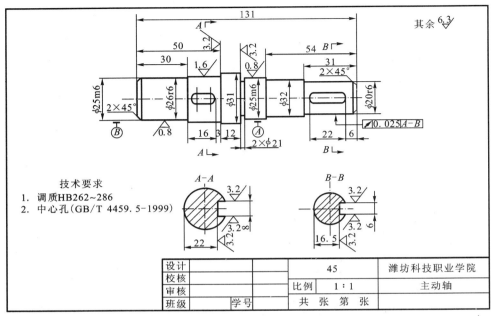

图 3-21　被动轴零件工作图

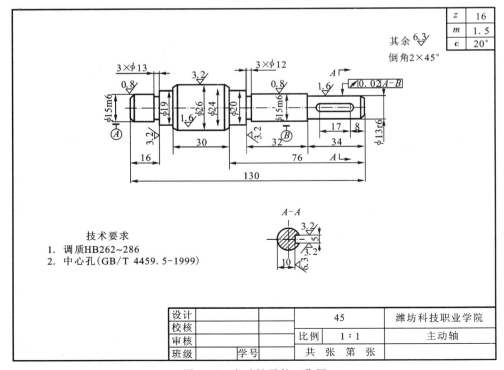

图 3-22　主动轴零件工作图

第四部分

模拟电子技术实验

实验一　常用电子仪器的使用

一、实验目的

1. 学习电子电路实验中常用的电子仪器——示波器、函数信号发生器、直流稳压电源、交流毫伏表、频率计等的主要技术指标、性能及正确使用方法。

2. 初步掌握用双踪示波器观察正弦信号波形和读取波形参数的方法。

二、实验原理

在模拟电子电路实验中,经常使用的电子仪器有示波器、函数信号发生器、直流稳压电源、交流毫伏表及频率计等。它们和万用表一起,可以完成对模拟电子电路的静态和动态工作情况的测试。

实验中要对各种电子仪器进行综合使用,可按照信号流向,以连线简捷、调节顺手、观察与读数方便等原则进行合理布局,各仪器与被测实验装置之间的布局与连接如图 4-1 所示。接线时应注意,为防止外界干扰,各仪器的公共接地端应连接在一起,称共地。信号源和交流毫伏表的引线通常用屏蔽线或专用电缆线,示波器的接线使用专用电缆线,直流电源的接线用普通导线。

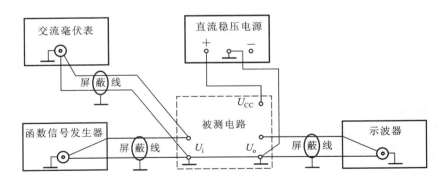

图 4-1　模拟电子电路中常用电子仪器布局图

1. 示波器

示波器是一种用途很广的电子测量仪器,它既能直接显示电信号的波形,又能对电信号进行各种参数的测量。现着重指出下列几点:

(1) 寻找扫描光迹。将示波器 Y 轴显示方式置"Y_1"或"Y_2",输入耦合方式置"GND",开机预热后,若在显示屏上不出现光点和扫描基线,可按下列操作去找到扫描线：

① 适当调节亮度旋钮。

② 触发方式开关置"自动"。

③ 适当调节垂直（↑↓）、水平（⇄）位移旋钮，使扫描光迹位于屏幕中央。（若示波器设有"寻迹"按键，可按下"寻迹"按键，判断光迹偏移基线的方向）

（2）双踪示波器一般有五种显示方式，即"Y₁"、"Y₂"、"Y₁＋Y₂"三种单踪显示方式和"交替"、"断续"两种双踪显示方式。"交替"显示一般适宜于输入信号频率较高时使用。"断续"显示一般适宜于输入信号频率较低时使用。

（3）为了显示稳定的被测信号波形，"触发源选择"开关一般选为"内"触发，使扫描触发信号取自示波器内部的 Y 通道。

（4）触发方式开关通常先置于"自动"，调出波形后，若被显示的波形不稳定，可置触发方式开关于"常态"，通过调节"触发电平"旋钮找到合适的触发电压，使被测试的波形稳定地显示在示波器屏幕上。

有时，由于选择了较慢的扫描速率，显示屏上将会出现闪烁的光迹，但被测信号的波形不在 X 轴方向左右移动，这样的现象仍属于稳定显示。

（5）适当调节"扫描速率"开关及"Y 轴灵敏度"开关使屏幕上显示 1～2 个周期的被测信号波形。在测量幅值时，应注意将"Y 轴灵敏度微调"旋钮置于"校准"位置，即顺时针旋到底，且听到关的声音。在测量周期时，应注意将"X 轴扫速微调"旋钮置于"校准"位置，即顺时针旋到底，且听到关的声音。还要注意"扩展"旋钮的位置。

根据被测信号波形在屏幕坐标刻度上垂直方向所占的格数（div 或 cm）与"Y 轴灵敏度"开关指示值（V/div）的乘积，即可算得信号幅值的实测值。

根据被测信号波形一个周期在屏幕坐标刻度上水平方向所占的格数（div 或 cm）与"扫速"开关指示值（t/div）的乘积，即可算得信号频率的实测值。

2. 函数信号发生器

函数信号发生器按需要输出正弦波、方波、三角波三种信号波形。输出电压最大可达 $20U_{p-p}$。通过输出衰减开关和输出幅度调节旋钮，可使输出电压在毫伏级至伏级范围内连续调节。函数信号发生器的输出信号频率可以通过频率分挡开关进行调节。

函数信号发生器作为信号源，它的输出端不允许短路。

3. 交流毫伏表

交流毫伏表只能在其工作频率范围之内，用来测量正弦交流电压的有效值。为了防止过载而损坏，测量前一般先把量程开关置于量程较大位置上，然后在测量中逐挡减小量程。

三、实验设备与器件

1. 函数信号发生器。
2. 双踪示波器。
3. 交流毫伏表。

四、实验内容与步骤

1. 用机内校正信号对示波器进行自检

(1) 扫描基线调节。将示波器的显示方式开关置于"单踪"显示(Y_1 或 Y_2),输入耦合方式开关置于"GND",触发方式开关置于"自动"。开启电源开关后,调节"辉度"、"聚焦"、"辅助聚焦"等旋钮,使荧光屏上显示一条细而且亮度适中的扫描基线。然后调节"X 轴位移"($\rightleftarrows$)和"Y 轴位移"($\uparrow\downarrow$)旋钮,使扫描线位于屏幕中央,并且能上下左右移动自如。

(2) 测试校正信号波形的幅度、频率。将示波器的校正信号通过专用电缆线引入选定的 Y 通道(Y_1 或 Y_2),将 Y 轴输入耦合方式开关置于"AC"或"DC",触发源选择开关置于"内",内触发源选择开关置于"Y_1"或"Y_2"。调节 X 轴"扫描速率"开关(t/div)和 Y 轴"输入灵敏度"开关(V/div),使示波器显示屏上显示出一个或数个周期稳定的方波波形。

a. 校准校正信号幅度。将"Y 轴灵敏度微调"旋钮置于"校准"位置,"Y 轴灵敏度"开关置于适当位置,读取校正信号幅度,记入表 4-1 中。

表 4-1

	标准值	实测值
幅度 $U_{p\text{-}p}/V$		
频率 f/kHz		

注:不同型号示波器标准值有所不同,请按所使用示波器将标准值填入表格中。

b. 校准"校正信号"频率。将"扫速微调"旋钮置于"校准"位置,"扫速"开关置于适当位置,读取校正信号周期,记入表 4-1 中。

2. 用示波器和交流毫伏表测量信号参数

调节函数信号发生器有关旋钮,使输出频率分别为 100 Hz、1 kHz、10 kHz、100 kHz,有效值均为 1 V(交流毫伏表测量值)的正弦波信号。

改变示波器"扫速"开关及"Y 轴灵敏度"开关等位置,测量信号源输出电压频率及峰-峰值,记入表 4-2 中。

表 4-2

信号电压频率	示波器测量值		信号电压 毫伏表读数/V	示波器测量值	
	周期/ms	频率/Hz		峰-峰值/V	有效值/V
100 Hz					
1 kHz					
10 kHz					
100 kHz					

3. 测量两波形间相位差

(1) 观察双踪显示波形"交替"与"断续"两种显示方式的特点。Y_1、Y_2 均不加输入信号,输入耦合方式置于"GND",扫速开关置于扫速较低挡位(如 0.5 s/div 挡)和扫速较高挡位(如 5 μs/div 挡),把显示方式开关分别置于"交替"和"断续",观察两条扫描基线的显示特点,并记录。

(2) 用双踪显示测量两波形间相位差。

① 按图 4-2 连接实验电路,将函数信号发生器的输出电压调至频率为 1 kHz、幅值为 2 V 的正弦波,经 RC 移相网络获得频率相同但相位不同的两路信号 u_i 和 u_R,分别加到双踪示波器的 Y_1 和 Y_2 输入端。

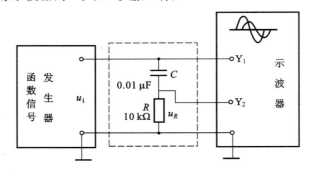

图 4-2 两波形间相位差测量电路

为了便于稳定波形,比较两波形相位差,应使内触发信号取自被设定作为测量基准的一路信号。

② 把显示方式开关置于"交替"挡位,将 Y_1、Y_2 输入耦合方式开关置于"⊥"挡位,调节 Y_1、Y_2 的(↑↓)移位旋钮,使两条扫描基线重合。

③ 将 Y_1、Y_2 输入耦合方式开关置于"AC"挡位,调节触发电平、扫速开关及 Y_1、Y_2 灵敏度开关位置,使荧屏上显示出易于观察的两个相位不同的正弦波形 u_i 和 u_R,如图 4-3 所示。根据两波形在水平方向差距 X 及信号周期 X_T,则可求得两波形相

位差。

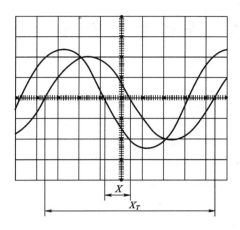

图 4-3　双踪示波器显示两相位不同的正弦波

$$\theta = \frac{X(\text{div})}{X_T(\text{div})} \times 360°$$

式中,X_T——一个周期所占的格数;

　　　X——两波形在 X 轴方向的差距格数。

将两波形相位差记录于表 4-3 中。

表 4-3

一个周期的格数	两波形 X 轴的差距格数	相位差
		实测值
$X_T =$	$X =$	$\theta =$

为了读数和计算方便,可适当调节扫速开关和微调旋钮,使波形的一个周期占整数格。

五、实验总结

1. 整理实验数据,并进行分析。

2. 函数信号发生器有哪几种输出波形? 它的输出端能否短接,如用屏蔽线作为输出引线,则屏蔽层一端应该接在哪个接线柱上?

3. 交流毫伏表是用来测量正弦波电压还是非正弦波电压? 它的表头指示值是被测信号的什么数值? 它是否可以用来测量直流电压的大小?

实验二　晶体管共射极单管放大器

一、实验目的

1. 学会放大器静态工作点的调试方法,分析静态工作点对放大器性能的影响。

2. 掌握放大器电压放大倍数、输入电阻、输出电阻及最大不失真输出电压的测试方法。

3. 熟悉常用电子仪器及模拟电路实验设备的使用。

二、实验原理

图 4-4 为电阻分压式工作点稳定单管放大器实验电路图。它的偏置电路采用 R_{B1} 和 R_{B2} 组成的分压电路,并在发射极中接有电阻 R_E,以稳定放大器的静态工作点。当在放大器的输入端加入输入信号 u_i 后,在放大器的输出端便可得到一个与 u_i 相位相反、幅值被放大的输出信号 u_o,从而实现了电压放大。

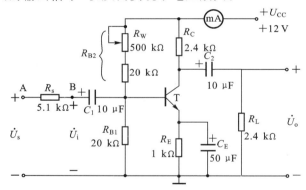

图 4-4　共射极单管放大器实验电路

在图 4-4 电路中,当流过偏置电阻 R_{B1} 和 R_{B2} 的电流远大于晶体管 T 的基极电流 I_B 时(一般为 5~10 倍),则它的静态工作点可用下式估算

$$U_B \approx \frac{R_{B1}}{R_{B1} + R_{B2}} U_{CC}$$

$$I_E \approx \frac{U_B - U_{BE}}{R_E} \approx I_C$$

$$U_{CE} = U_{CC} - I_C (R_C + R_E)$$

电压放大倍数

$$A_u = -\beta\frac{R_\mathrm{C} \mathbin{/\!/} R_\mathrm{L}}{r_\mathrm{be}}$$

输入电阻

$$R_\mathrm{i} = R_\mathrm{B1} \mathbin{/\!/} R_\mathrm{B2} \mathbin{/\!/} r_\mathrm{be}$$

输出电阻

$$R_\mathrm{o} \approx R_\mathrm{C}$$

由于电子器件性能的分散性比较大,因此在设计和制作晶体管放大电路时,离不开测量和调试技术。在设计前应测量所用元器件的参数,为电路设计提供必要的依据,在完成设计和装配以后,还必须测量和调试放大器的静态工作点和各项性能指标。一个优质放大器,必定是理论设计与实验调整相结合的产物。因此,除了学习放大器的理论知识和设计方法外,还必须掌握必要的测量和调试技术。

放大器的测量和调试一般包括:放大器静态工作点的测量与调试,放大器各项动态参数的测量与调试等。

1. 放大器静态工作点的测量与调试

(1) 静态工作点的测量。测量放大器的静态工作点,应在输入信号 $u_\mathrm{i}=0$ 的情况下进行,即将放大器输入端与地端短接,然后选用量程合适的直流毫安表和直流电压表,分别测量晶体管的集电极电流 I_C 以及各电极对地的电位 U_B、U_C 和 U_E。一般实验中,为了避免断开集电极,所以采用测量电压 U_E 或 U_C,然后算出 I_C 的方法,例如,只要测出 U_E,即可用 $I_\mathrm{C} \approx I_\mathrm{E} = \dfrac{U_\mathrm{E}}{R}$ 算出 I_C(也可根据 $I_\mathrm{C} = \dfrac{U_\mathrm{CC}-U_\mathrm{C}}{R_\mathrm{C}}$,由 U_C 确定 I_C),同时也能算出 $U_\mathrm{BE}=U_\mathrm{B}-U_\mathrm{E}$,$U_\mathrm{CE}=U_\mathrm{C}-U_\mathrm{E}$。

为了减小误差,提高测量精度,应选用内阻较高的直流电压表。

(2) 静态工作点的调试。放大器静态工作点的调试是指对管子集电极电流 I_C(或 U_CE)的调整与测试。

静态工作点是否合适,对放大器的性能和输出波形都有很大影响。如工作点偏高,放大器在加入交流信号以后易产生饱和失真,此时 u_o 的负半周将被削底,如图4-5(a)所示;如工作点偏低则易产生截止失真,即 u_o 的正半周被缩顶(一般截止失真不如饱和失真明显),如图 4-5(b)所示。这些情况都不符合不失真放大的要求。所以在选定工作点以后还必须进行动态调试,即在放大器的输入端加入一定的输入电压 u_i,检查输出电压 u_o 的大小和波形是否满足要求。如不满足,则应调节静态工作点的位置。

改变电路参数 U_CC、R_C、R_B(R_B1、R_B2)都会引起静态工作点的变化,如图 4-6 所示。但通常多采用调节偏置电阻 R_B2 的方法来改变静态工作点,如减小 R_B2,则可使静态工作点提高等。

最后还要说明的是,上面所说的工作点"偏高"或"偏低"不是绝对的,应该是相对

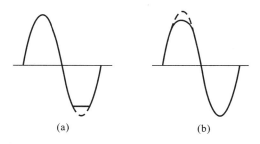

(a)　　　　　　　(b)

图 4-5　静态工作点对 u_o 波形失真的影响

信号的幅度而言,如输入信号幅度很小,即使工作点较高或较低也不一定会出现失真。所以确切地说,产生波形失真是信号幅度与静态工作点设置配合不当所致。如需满足较大信号幅度的要求,静态工作点最好尽量靠近交流负载线的中点。

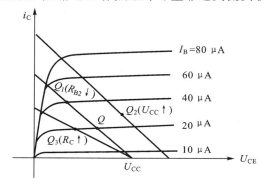

图 4-6　电路参数对静态工作点的影响

2. 放大器动态指标的测量与调试

放大器动态指标包括电压放大倍数、输入电阻、输出电阻、最大不失真输出电压(动态范围)和通频带等。

(1)电压放大倍数 A_u 的测量。调整放大器到合适的静态工作点,然后加入输入电压 u_i,在输出电压 u_o 不失真的情况下,用交流毫伏表测出 u_i 和 u_o 的有效值 U_i 和 U_o,则

$$A_u = \frac{U_o}{U_i}$$

(2)输入电阻 R_i 的测量。为了测量放大器的输入电阻,按图 4-7 电路在被测放大器的输入端与信号源之间串入一已知电阻 R,在放大器正常工作的情况下,用交流毫伏表测出 U_s 和 U_i,则根据输入电阻的定义可得

$$R_i = \frac{U_i}{I_i} = \frac{U_i}{\dfrac{U_R}{R}} = \frac{U_i}{U_s - U_i} R$$

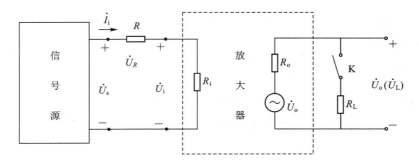

图 4-7 输入、输出电阻测量电路

测量时应注意下列几点：

① 由于电阻 R 两端没有电路公共接地点，所以测量 R 两端电压 U_R 时必须分别测出 U_s 和 U_i，然后按 $U_R = U_s - U_i$ 求出 U_R 值。

② 电阻 R 的值不宜取得过大或过小，以免产生较大的测量误差，通常取 R 与 R_i 为同一数量级为好，本实验可取 $R = 1 \sim 2 \ k\Omega$。

（3）输出电阻 R_o 的测量。按图 4-7 电路，在放大器正常工作条件下，测出输出端不接负载 R_L 的输出电压 U_o 和接入负载后的输出电压 U_L，根据

$$U_L = \frac{R_L}{R_o + R_L} U_o$$

即可求出

$$R_o = \left(\frac{U_o}{U_L} - 1\right) R_L$$

在测试中应注意，必须保持 R_L 接入前后输入信号的大小不变。

（4）最大不失真输出电压 U_{opp} 的测量（最大动态范围）。如上所述，为了得到最大动态范围，应将静态工作点调在交流负载线的中点。为此在放大器正常工作情况下，逐步增大输入信号的幅度，并同时调节 R_W（改变静态工作点），用示波器观察 u_o，当输出波形同时出现削底和缩顶现象（见图 4-8）时，说明静态工作点已调在交流负载线的中点。然后反复调整输入信号，使波形输出幅度最大，且无明显失真时，用交流毫伏表

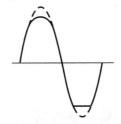

图 4-8 静态工作点正常，输入信号太大引起的失真

测出 U_o（有效值），则动态范围等于 $2\sqrt{2} U_o$，或用示波器直接读出 U_{opp}。

（5）放大器幅频特性的测量。放大器的幅频特性是指放大器的电压放大倍数 A_u 与输入信号频率 f 之间的关系曲线。单管阻容耦合放大电路的幅频特性曲线如图 4-9 所示，A_{um} 为中频电压放大倍数，通常规定电压放大倍数随频率变化下降到中

频放大倍数的 $1/\sqrt{2}$，即 $0.707A_{um}$ 所对应的频率分别称为下限频率 f_L 和上限频率
f_H，则通频带为

$$f_{BW} = f_H - f_L$$

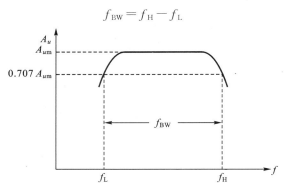

图 4-9　幅频特性曲线

　　放大器的幅频特性就是测量不同频率信号时的电压放大倍数 A_u。为此，可采用前述测量 A_u 的方法，每改变一个信号频率，测量其相应的电压放大倍数，测量时应注意取点要恰当，在低频段与高频段应多测几点，在中频段可以少测几点。此外，在改变频率时，要保持输入信号的幅度不变，且输出波形不得失真。

　　晶体三极管管脚排列如图 4-10 所示。

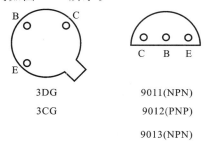

图 4-10　晶体三极管管脚排列

三、实验设备与器件

1. +12 V 直流电源。

2. 函数信号发生器。

3. 双踪示波器。

4. 交流毫伏表。

5. 直流电压表。

6. 直流毫安表。

7. 频率计。

8. 万用表。

9. 晶体三极管 3DG6×1(β＝50～100)或 9011×1(管脚排列见图 4-10)。

10. 电阻器、电容器若干。

四、实验内容与步骤

实验电路如图 4-4 所示。各电子仪器可按实验一中图 4-1 所示方式连接,为防止干扰,各仪器的公共端必须连在一起,同时信号源、交流毫伏表和示波器的引线应采用专用电缆线或屏蔽线,如使用屏蔽线,则屏蔽线的外包金属网应接在公共接地端上。

1. 调试静态工作点

接通直流电源前,先将 R_W 调至最大,函数信号发生器输出旋钮旋至零。接通 ＋12 V 电源,调节 R_W,使 I_C＝2.0 mA(即 U_E＝2.0 V)。用直流电压表测量 U_B、U_E、U_C,用万用表测量 R_{B2} 值,记入表 4-4 中。

表 4-4　I_C＝2 mA

测量值				计算值		
U_B/V	U_E/V	U_C/V	R_{B2}/ kΩ	U_{BE}/V	U_{CE}/V	I_C/mA

2. 测量电压放大倍数

在放大器输入端加入频率为 1 kHz 的正弦信号 u_s,调节函数信号发生器的输出旋钮使放大器输入电压 U_i≈10 mV,同时用示波器观察放大器输出电压 u_o 波形,在波形不失真的条件下用交流毫伏表测量下述三种情况下的 U_o 值,并用双踪示波器观察 u_o 和 u_i 的相位关系,记入表 4-5 中。

表 4-5　I_C＝2.0 mA,U_i＝_____ mV

R_C/ kΩ	R_L/ kΩ	U_o/V	A_u	观察记录一组 u_o 和 u_i 波形
2.4	∞			
1.2	∞			
2.4	2.4			

3. 观察静态工作点对电压放大倍数的影响

置 R_C＝2.4 kΩ,R_L＝∞,U_i 适量,调节 R_W,用示波器观察输出电压波形,在 u_o 不失真的条件下,测量数组 I_C 和 U_o 值,记入表 4-6 中。

表 4-6　$R_C=2.4\ k\Omega$, $R_L=\infty$, $U_i=$_____mV

I_C/mA			2.0	
U_o/V				
A_u				

测量 I_C 时,要先将信号源输出旋钮旋至零(即使 $u_i=0$)。

4. 观察静态工作点对输出波形失真的影响

置 $R_C=2.4\ k\Omega$, $R_L=2.4\ k\Omega$, $u_i=0$,调节 R_w 使 $I_C=2.0\ mA$,测出 U_{CE} 值,再逐步加大输入信号,使输出电压 u_o 足够大但不失真。然后保持输入信号不变,分别增大和减小 R_w,使波形出现失真,绘出 u_o 的波形,并测出失真情况下的 I_C 和 U_{CE} 值,记入表 4-7 中。每次测 I_C 和 U_{CE} 值时都要将信号源的输出旋钮旋至零。

表 4-7　$R_C=2.4\ k\Omega$, $R_L=\infty$, $U_i=$_____mV

I_C/mA	U_{CE}/V	u_c 波形	失真情况	管子工作状态
		(图 u_L vs t)		
2.0		(图 u_L vs t)		
		(图 u_L vs t)		

5. 测量最大不失真输出电压

置 $R_C=2.4\ k\Omega$, $R_L=2.4\ k\Omega$,按照实验原理 2 中(4)所述方法,同时调节输入信号的幅度和电位器 R_w,用示波器和交流毫伏表测量 U_{opp} 及 U_o 值,记入表 4-8 中。

表 4-8　$R_C=2.4\ k\Omega$, $R_L=2.4\ k\Omega$

I_C/mA	U_{im}/mV	U_{om}/V	U_{opp}/V

*6. 测量输入电阻和输出电阻

置 $R_C=2.4$ kΩ，$R_L=2.4$ kΩ，$I_C=2.0$ mA。输入 $f=1$ kHz 的正弦信号，在输出电压 u_o 不失真的情况下，用交流毫伏表测出 U_s、U_i 和 U_L 值，记入表 4-9 中。

保持 U_s 不变，断开 R_L，测量输出电压 U_o，记入表 4-9 中。

表 4-9　$I_C=2$ mA，$R_C=2.4$ kΩ，$R_L=2.4$ kΩ

U_s /mV	U_i /mV	R_i/ kΩ		U_L/V	U_o/V	R_o/ kΩ	
		测量值	计算值			测量值	计算值

* 7. 测量幅频特性曲线

置 $I_C=2.0$ mA，$R_C=2.4$ kΩ，$R_L=2.4$ kΩ。保持输入信号 u_i 的幅度不变，改变信号源频率 f，逐点测出相应的输出电压 U_o，记入表 4-10 中。

表 4-10　$U_i=$ ＿＿＿＿ mV

	f_L	f_M	f_H
f/kHz			
U_o/V			
$A_u=U_o/U_i$			

为了信号源频率 f 取值合适，可先粗测一下，找出中频范围，然后再仔细读数。

说明：本实验内容与步骤较多，其中 6、7 可作为选做内容。

五、实验总结

1. 列表整理测量结果，并把实测的静态工作点、电压放大倍数、输入电阻、输出电阻之值与理论计算值比较（取一组数据进行比较），分析产生误差原因。

2. 总结 R_C、R_L 及静态工作点对放大器电压放大倍数、输入电阻、输出电阻的影响。

3. 讨论静态工作点变化对放大器输出波形的影响。

4. 分析讨论在调试过程中出现的问题。

实验三　射极跟随器

一、实验目的

1. 掌握射极跟随器的特性及测试方法。

2. 进一步学习放大器各项参数测试方法。

二、实验原理

射极跟随器的原理图如图 4-11 所示。它是一个电压串联负反馈放大电路,具有输入电阻高,输出电阻低,电压放大倍数接近于 1,输出电压能够在较大范围内跟随输入电压作线性变化以及输入、输出信号同相等特点。

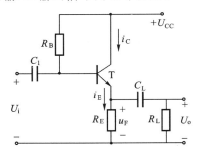

图 4-11 射极跟随器

射极跟随器的输出取自发射极,故称其为射极输出器。

1. 输入电阻 R_i

图 4-11 电路中有

$$R_i = r_{be} + (1+\beta)R_E$$

如考虑偏置电阻 R_B 和负载 R_L 的影响,则

$$R_i = R_B // [r_{be} + (1+\beta)(R_E // R_L)]$$

由上式可知射极跟随器的输入电阻 R_i 比共射极单管放大器的输入电阻 $R_i = R_B // r_{be}$ 要高得多,但由于偏置电阻 R_B 的分流作用,输入电阻很难进一步提高。

输入电阻的测试方法同单管放大器,实验电路如图 4-12 所示。

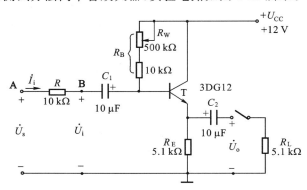

图 4-12 射极跟随器实验电路

$$R_i = \frac{U_i}{I_i} = \frac{U_i}{U_s - U_i} R$$

即只要测得 A、B 两点的对地电位即可计算出 R_i。

2. 输出电阻 R_o

图 4-11 电路中有

$$R_o = \frac{r_{be}}{\beta} /\!/ R_B \approx \frac{r_{be}}{\beta}$$

如考虑信号源内阻 R_s，则

$$R_o = \frac{r_{be} + (R_s /\!/ R_B)}{\beta} /\!/ R_E \approx \frac{r_{be} + (R_s /\!/ R_B)}{\beta}$$

由上式可知射极跟随器的输出电阻 R_o 比共射极单管放大器的输出电阻 $R_o \approx R_C$ 低得多。三极管的 β 越高，输出电阻越小。

输出电阻 R_o 的测试方法亦同单管放大器，即先测出空载输出电压 U_o，再测接入负载 R_L 后的输出电压 U_L，根据

$$U_L = \frac{R_L}{R_o + R_L} U_o$$

即可求出

$$R_o = \left(\frac{U_o}{U_L} - 1\right) R_L$$

3. 电压放大倍数

图 4-11 电路中有

$$A_u = \frac{(1 + \beta)(R_E /\!/ R_L)}{r_{be} + (1 + \beta)(R_E /\!/ R_L)} \leqslant 1$$

上式说明射极跟随器的电压放大倍数小于且接近于 1，且为正值。这是深度电压负反馈的结果。但它的射极电流仍比基极电流大 $(1 + \beta)$ 倍，所以它具有一定的电流和功率放大作用。

4. 电压跟随范围

电压跟随范围是指射极跟随器输出电压 u_o 跟随输入电压 u_i 作线性变化的区域。当 u_i 超过一定范围时，u_o 便不能跟随 u_i 作线性变化，即 u_o 波形产生了失真。为了使输出电压 u_o 正、负半周对称，并充分利用电压跟随范围，静态工作点应选在交流负载线中点，测量时可直接用示波器读取 u_o 的峰-峰值，即电压跟随范围；或用交流毫伏表读取 u_o 的有效值，则电压跟随范围为

$$U_{opp} = 2\sqrt{2} U_o$$

三、实验设备与器件

1. +12 V 直流电源。

2. 函数信号发生器。

3. 双踪示波器。

4. 交流毫伏表。

5. 直流电压表。

6. 频率计。

7. 3DG12×1（$\beta=50\sim100$）或 9013。

8. 电阻器、电容器若干。

四、实验内容与步骤

按图 4-12 连接电路。

1. 静态工作点的调整

接通＋12 V 直流电源，在 B 点加入 $f=1$ kHz 的正弦信号 u_i，输出端用示波器观察输出波形，反复调整 R_W 及信号源的输出幅度，使示波器的屏幕上得到一个最大不失真输出波形，然后置 $u_i=0$，用直流电压表测量晶体管各电极对地电位，将测得数据记入表 4-11 中。

表 4-11

U_E/V	U_B/V	U_C/V	I_E/mA

在下面整个测试过程中应保持 R_W 值不变（即保持静态工作点 I_E 不变）。

2. 测量电压放大倍数 A_u

接入负载 $R_L=1$ kΩ，在 B 点加 $f=1$ kHz 的正弦信号 u_i，调节输入信号幅度，用示波器观察输出波形 u_o，在输出电压最大不失真情况下，用交流毫伏表测量 U_i、U_L 值，记入表 4-12 中。

表 4-12

U_i/V	U_L/V	A_u

3. 测量输出电阻 R_o

接上负载 $R_L=1$ kΩ，在 B 点加 $f=1$ kHz 的正弦信号 u_i，用示波器观察输出波形，测量空载输出电压 U_o，有负载时输出电压 U_L，记入表 4-13 中。

表 4-13

U_o/V	U_L/V	R_o/kΩ

4. 测量输入电阻 R_i

在 A 点加 $f=1$ kHz 的正弦信号 u_s,用示波器观察输出波形,用交流毫伏表分别测量 A、B 点对地的电位 U_s、U_i,记入表 4-14 中。

表 4-14

U_s/V	U_i/V	R_i/ kΩ

5. 测试跟随特性

接入负载 $R_L=1$ kΩ,在 B 点加入 $f=1$ kHz 的正弦信号 u_i,逐渐增大信号 u_i 幅度,用示波器观察输出波形直至输出波形达到最大不失真,测量对应的 U_L 值,记入表 4-15 中。

表 4-15

U_i/V									
U_L/V									

6. 测试频率响应特性

保持输入信号 u_i 幅度不变,改变信号源频率,用示波器观察输出波形,用交流毫伏表测量不同频率下的输出电压 U_L 值,记入表 4-16 中。

表 4-16

f/kHz									
U_L/V									

五、实验总结

1. 整理实验数据,并画出 $U_L=f(U_i)$ 曲线和 $U_L=f(f)$ 曲线。

2. 分析射极跟随器的性能和特点。

实验四　差动放大器

一、实验目的

1. 加深对差动放大器性能及特点的理解。

2. 学习差动放大器主要性能指标的测试方法。

二、实验原理

图 4-13 是差动放大器的基本结构，它由两个元件参数相同的基本共射放大电路组成。当开关 K 拨向左边时，构成典型的差动放大器。调零电位器 R_P 用来调节 T_1、T_2 管的静态工作点，使得输入信号 $U_i = 0$ 时，双端输出电压 $U_o = 0$。R_E 为两管共用的发射极电阻，它对差模信号无负反馈作用，因而不影响差模电压放大倍数，但对共模信号有较强的负反馈作用，故可以有效地抑制零漂，稳定静态工作点。

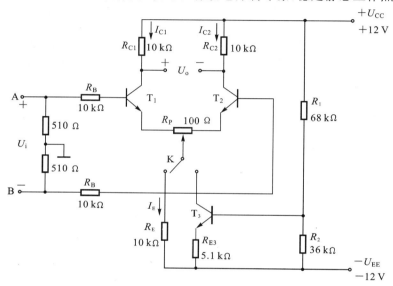

图 4-13　差动放大器实验电路

当开关 K 拨向右边时，构成具有恒流源的差动放大器。它用晶体管恒流源代替发射极电阻 R_E，可以进一步提高差动放大器抑制共模信号的能力。

1. 静态工作点的估算

典型电路中有

$$I_E \approx \frac{|U_{EE}| - U_{BE}}{R_E} \quad (\text{认为 } U_{B1} = U_{B2} \approx 0)$$

$$I_{C1} = I_{C2} = \frac{1}{2} I_E$$

恒流源电路中有

$$I_{C3} \approx I_{E3} \approx \frac{\dfrac{R_2}{R_1 + R_2}(U_{CC} + |U_{EE}|) - U_{BE}}{R_{E3}}$$

$$I_{C1} = I_{C2} = \frac{1}{2} I_{C3}$$

2. 差模电压放大倍数和共模电压放大倍数

当差动放大器的射极电阻 R_E 足够大,或采用恒流源电路时,差模电压放大倍数 A_d 由输出端方式决定,而与输入方式无关。

双端输出:$R_E = \infty$,R_P 在中心位置时,有

$$A_d = \frac{\Delta U_o}{\Delta U_i} = -\frac{\beta R_C}{R_E + r_{be} + \frac{1}{2}(1+\beta)R_P}$$

单端输出:有

$$A_{d1} = \frac{\Delta U_{C1}}{\Delta U_i} = \frac{1}{2}A_d$$

$$A_{d2} = \frac{\Delta U_{C2}}{\Delta U_i} = -\frac{1}{2}A_d$$

当输入共模信号时,若为单端输出,则有

$$A_{c1} = A_{c2} = \frac{\Delta U_{C1}}{\Delta U_i} = \frac{-\beta R_C}{R_B + r_{be} + (1+\beta)(\frac{1}{2}R_P + 2R_E)} \approx -\frac{R_C}{2R_E}$$

若为双端输出,在理想情况下有

$$A_c = \frac{\Delta U_o}{\Delta U_i} = 0$$

实际上由于元件不可能完全对称,因此 A_c 也不会绝对等于零。

3. 共模抑制比 K_{CMR}

为了表征差动放大器对有用信号(差模信号)的放大作用和对共模信号的抑制能力,通常用一个综合指标来衡量,即共模抑制比,公式为

$$K_{CMR} = \left| \frac{A_d}{A_c} \right| \quad 或 \quad K_{CMR} = 20\log\left| \frac{A_d}{A_c} \right| \text{(dB)}$$

差动放大器的输入信号可采用直流信号,也可采用交流信号。本实验由函数信号发生器提供频率 $f = 1$ kHz 的正弦信号作为输入信号。

三、实验设备与器件

1. ±12 V 直流电源。

2. 函数信号发生器。

3. 双踪示波器。

4. 交流毫伏表。

5. 直流电压表。

6. 晶体三极管 3DG6×3,要求 T_1、T_2 管特性参数一致(或 9011×3)。

7. 电阻器、电容器若干。

四、实验内容与步骤

1. 典型差动放大器性能测试

按图 4-1 连接实验电路,开关 K 拨向左边构成典型差动放大器。

(1)测量静态工作点。

① 调节放大器零点。信号源不接入,将放大器输入端 A、B 与地短接,接通 ±12 V 直流电源,用直流电压表测量输出电压 U_o,调节调零电位器 R_P,使 $U_o=0$。调节要仔细,力求准确。

② 测量静态工作点。零点调好以后,用直流电压表测量 T_1、T_2 管各电极电位及射极电阻 R_E 两端电压 U_{R_E},记入表 4-17 中。

表 4-17

测量值	U_{C1}/V	U_{B1}/V	U_{E1}/V	U_{C2}/V	U_{B2}/V	U_{E2}/V	U_{R_E}/V
计算值	I_C/mA			I_B/mA		U_{CE}/V	

(2)测量差模电压放大倍数。断开直流电源,将函数信号发生器的输出端接放大器输入 A 端,地端接放大器输入 B 端构成单端输入方式,输入信号为频率 $f=1\ kHz$ 的正弦信号,并使输出旋钮旋至零,用示波器观察输出端(集电极 C_1 或 C_2 与地之间)。

接通 ±12 V 直流电源,逐渐增大输入电压 U_i(约 100 mV),在输出波形无失真的情况下,用交流毫伏表测量 U_i、U_{C1}、U_{C2},记入表 4-18 中,并观察 u_i、u_{C1}、u_{C2} 之间的相位关系及 U_{R_E} 随 U_i 改变而变化的情况。

(3)测量共模电压放大倍数。将放大器 A、B 短接,信号源接 A 端与地之间,构成共模输入方式,使输入信号 $f=1\ kHz$,$U_i=1\ V$,在输出电压无失真的情况下,测量 U_{C1}、U_{C2} 之值记入表 4-18 中,并观察 u_i、u_{C1}、u_{C2} 之间的相位关系及 U_{R_E} 随 U_i 改变而变化的情况。

表 4-18

U_i	典型差动放大电路		具有恒流源差动放大电路	
	单端输入 100 mV	共模输入 1 V	单端输入 100 mV	共模输入 1 V
U_{C1}/V				

U_i	典型差动放大电路		具有恒流源差动放大电路	
	单端输入 100 mV	共模输入 1 V	单端输入 100 mV	共模输入 1 V
U_{C2}/V				
$A_{d1}=\dfrac{\Delta U_{C1}}{U_i}$		—		—
$A_d=\dfrac{\Delta U_o}{\Delta U_i}$		—		—
$A_{c1}=\dfrac{\Delta U_{C1}}{\Delta U_i}$	—		—	
$A_c=\dfrac{\Delta U_o}{\Delta U_i}$	—		—	
$K_{CMR}=\left\|\dfrac{A_{d1}}{A_{c1}}\right\|$				

2. 具有恒流源的差动放大电路性能测试

将图 4-13 电路中开关 K 拨向右边,构成具有恒流源的差动放大电路。重复实验内容与步骤 1 中(2)、(3)的步骤,测得数据记入表 4-18 中。

五、实验总结

1. 整理实验数据,列表比较实验结果和理论估算值,分析误差原因。

(1) 静态工作点和差模电压放大倍数。

(2) 典型差动放大电路单端输出时 K_{CMR} 的实测值与理论值比较。

(3) 典型差动放大电路单端输出时 K_{CMR} 的实测值与具有恒流源的差动放大器 K_{CMR} 的实测值比较。

2. 比较 u_i、u_{C1} 和 u_{C2} 之间的相位关系。

3. 根据实验结果,总结电阻 R_E 和恒流源的作用。

实验五 集成运算放大器的基本应用
——模拟运算电路

一、实验目的

1. 研究由集成运算放大器组成的比例、加法和减法等基本运算电路的功能。

2. 了解运算放大器在实际应用时应考虑的一些问题。

二、实验原理

集成运算放大器是一种具有高电压放大倍数的直接耦合多级放大电路。当外部接入不同的线性或非线性元器件组成输入和负反馈电路时,可以灵活地实现各种特定的函数关系。在线性应用方面,可组成比例、加法、减法、积分、微分、对数等模拟运算电路。

理想运算放大器的特性如下:

在大多数情况下,将运算放大器视为理想运算放大器,就是将运算放大器的各项技术指标理想化,满足下列条件的运算放大器称为理想运算放大器。

开环电压增益 $\qquad A_{ud} = \infty$

输入阻抗 $\qquad r_i = \infty$

输出阻抗 $\qquad r_{\circ} = 0$

带宽 $\qquad f_{BW} = \infty$

失调与漂移均为零等。

理想运算放大器在线性应用时的两个重要特性:

(1) 输出电压 $U_{\circ}$ 与输入电压之间满足关系式

$$U_{\circ} = A_{ud}(U_+ - U_-)$$

由于 $A_{ud} = \infty$,而 $U_{\circ}$ 为有限值,因此,$U_+ - U_- \approx 0$。即 $U_+ \approx U_-$,称为"虚短"。

(2) 由于 $r_i = \infty$,故流进运算放大器两个输入端的电流可视为零,即 $I_{IB} = 0$,称为"虚断"。这说明运算放大器对其前级吸取电流极小。

上述两个特性是分析理想运算放大器应用电路的基本原则,可简化运算放大器电路的计算。

基本运算电路如下:

(1) 反相比例运算电路。电路如图 4-14 所示,对于理想运算放大器,该电路的输出电压与输入电压之间的关系为

$$U_{\circ} = -\frac{R_F}{R_1}U_i$$

为了减小输入级偏置电流引起的运算误差,在同相输入端应接入平衡电阻 $R_2 = R_1 /\!/ R_F$。

(2) 反相加法电路。电路如图 4-15 所示,输出电压与输入电压之间的关系为

$$U_{\circ} = -\left(\frac{R_F}{R_1}U_{i1} + \frac{R_F}{R_2}U_{i2}\right), \quad R_3 = R_1 /\!/ R_2 /\!/ R_F$$

(3) 同相比例运算电路。图 4-16(a)是同相比例运算电路,输出电压与输入电压之间的关系为

$$U_{\circ} = \left(1 + \frac{R_F}{R_1}\right)U_i, \quad R_2 = R_1 /\!/ R_F$$

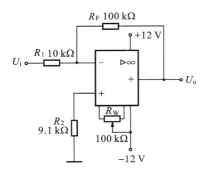

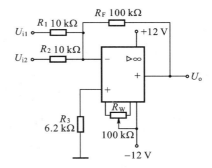

图 4-14　反相比例运算电路　　　图 4-15　反相加法运算电路

当 $R_1 \to \infty$ 时,$U_o = U_i$,即得到如图 4-16(b)所示的电压跟随器。图中 $R_2 = R_F$, R_F 可以减小漂移并能起到保护作用。一般 R_F 取 10 kΩ,太小起不到保护作用,太大则影响跟随性。

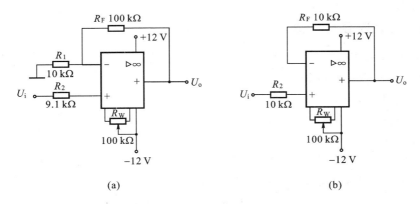

(a)　　　　　　　　　　　　　(b)

图 4-16　同相比例运算电路
(a)同相比例运算电路;(b)电压跟随器

(4)差动放大电路(减法器)。对于图 4-17 所示的减法运算电路,当 $R_1 = R_2$, $R_3 = R_F$ 时,有如下关系式

$$U_o = \frac{R_F}{R_1}(U_{i2} - U_{i1})$$

三、实验设备与器件

1. ±12 V 直流电源。

2. 函数信号发生器。

3. 交流毫伏表。

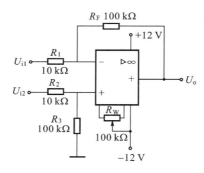

图 4-17　减法运算电路

4. 直流电压表。

5. 集成运算放大器 LM358×1。

6. 电阻器、电容器若干。

四、实验内容与步骤

实验前要看清运算放大器组件各管脚的位置;切忌正、负电源极性接反和输出端短路,否则将会损坏集成块。

1. 反相比例运算电路

(1) 按图 4-14 连接实验电路,接通±12 V 电源,输入端对地短路,进行调零和消振。

(2) 输入 $f = 100$ Hz,$U_i = 0.5$ V 的正弦交流信号,测量相应的 U_o,并用示波器观察 u_o 和 u_i 的相位关系,记入表 4-19 中。

表 4-19　$U_i = 0.5$ V,$f = 100$ Hz

U_i/V	U_o/V	u_i 波形	u_o 波形	A_u	
				实测值	计算值

2. 同相比例运算电路

(1) 按图 4-16(a)连接实验电路。实验步骤同实验内容与步骤 1,将结果记入表 4-20 中。

(2) 将图 4-16(a)中的 R_1 断开,得图 4-16(b)所示的电路,重复实验内容与步骤 1。

表 4-20　$U_i = 0.5$ V，$f = 100$ Hz

U_i/V	U_o/V	u_i 波形	u_o 波形	A_u	
				实测值	计算值

3. 反相加法运算电路

（1）按图 4-15 连接实验电路。调零和消振。

（2）输入信号采用直流信号，图 4-18 所示电路为简易直流信号源，由实验者自行完成。实验时要注意选择合适的直流信号幅度以确保集成运算放大器工作在线性区。用直流电压表测量输入电压 U_{i1}、U_{i2} 及输出电压 U_o，记入表 4-21 中。

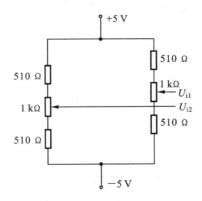

图 4-18　简易可调直流信号源

表 4-21

U_{i1}/V				
U_{i2}/V				
U_o/V				

4. 减法运算电路

（1）按图 4-17 连接实验电路。调零和消振。

（2）采用直流输入信号，实验内容与步骤重复上述 3，测量数据记入表 4-22 中。

表 4-22

U_{i1}/V				
U_{i2}/V				
U_o/V				

五、实验总结

1. 整理实验数据,画出波形图(注意波形间的相位关系)。
2. 将理论计算结果和实测数据相比较,分析产生误差的原因。
3. 分析讨论实验中出现的现象和问题。

实验六　负反馈放大器

一、实验目的

加深理解放大电路中,引入负反馈的方法和负反馈对放大器各项性能指标的影响。

二、实验原理

负反馈在电子电路中有着非常广泛的应用,虽然它减小了放大器的放大倍数,但在多方面改善放大器的动态指标,如稳定放大倍数,改变输入、输出电阻,减小非线性失真和展宽通频带等。因此,几乎所有的实用放大器都带有负反馈。

负反馈放大器有四种组态,即电压串联、电压并联、电流串联、电流并联。本实验以电压串联负反馈为例,分析负反馈对放大器各项性能指标的影响。

(1) 图 4-19 为带有负反馈的两级阻容耦合放大电路,在电路中通过 R_F 把输出电压 u_o 引回到输入端,加在晶体管 T_1 的发射极上,在发射极电阻 R_{F1} 上形成反馈电压 u_F。根据反馈的判断法可知,它属于电压串联负反馈。

主要性能指标如下:

① 闭环电压放大倍数为

$$A_{uF} = \frac{A_u}{1 + A_u F_u}$$

式中,$A_u = U_o/U_i$——基本放大器(无反馈)的电压放大倍数,即开环电压放大倍数;

$1 + A_u F_u$——反馈深度,它的大小决定了负反馈对放大器性能改善的程度。

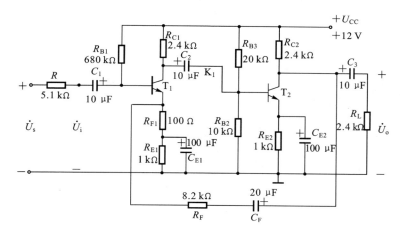

图 4-19　带有电压串联负反馈的两级阻容耦合放大器

② 反馈系数为

$$F_u = \frac{R_{F1}}{R_F + R_{F1}}$$

③ 输入电阻为

$$R_{iF} = (1 + A_u F_u) R_i$$

式中，R_i——基本放大器的输入电阻。

④ 输出电阻为

$$R_{oF} = \frac{R_o}{1 + A_{uo} F_u}$$

式中，R_o——基本放大器的输出电阻；

A_{uo}——基本放大器 $R_L = \infty$ 时的电压放大倍数。

（2）本实验还需要测量基本放大器的动态参数，怎样实现无反馈而得到基本放大器呢？不能简单地断开反馈支路，而是要去掉反馈作用，但又要把反馈网络的影响（负载效应）考虑到基本放大器中去。为此：

① 在画基本放大器的输入回路时，因为是电压负反馈，所以可将负反馈放大器的输出端交流短路，即令 $u_o = 0$，此时 R_F 相当于并联在 R_{F1} 上。

② 在画基本放大器的输出回路时，由于输入端是串联负反馈，因此需将反馈放大器的输入端（T_1 管的发射极）开路，此时（$R_F + R_{F1}$）相当于并接在输出端。可近似认为 R_F 并接在输出端。

根据上述规律，就可得到所要求的如图 4-20 所示的基本放大器。

三、实验设备与器件

1. +12 V 直流电源。

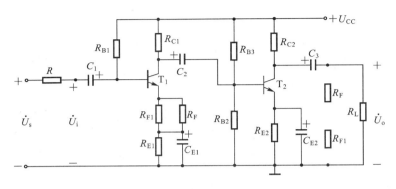

图 4-20　基本放大器

2. 函数信号发生器。

3. 双踪示波器。

4. 频率计。

5. 交流毫伏表。

6. 直流电压表。

7. 晶体三极管 3DG6×2(β=50～100)或 9011×2。

8. 电阻器、电容器若干。

四、实验内容与步骤

1. 测量静态工作点

按图 4-19 连接实验电路,取 U_{CC}=+12 V,U_i=0,用直流电压表分别测量第一级、第二级的静态工作点,记入表 4-23 中。

表 4-23

	U_B/V	U_E/V	U_C/V	I_C/mA
第一级				
第二级				

2. 测试基本放大器的各项性能指标

将实验电路按图 4-20 改接,即把 R_F 断开后分别并在 R_{F1} 和 R_L 上,其他连线不动。

(1) 测量中频电压放大倍数 A_u、输入电阻 R_i 和输出电阻 R_o。

① 将 f=1 kHz,U_s 约 5 mV 的正弦信号输入放大器,用示波器观察输出波形 u_o,在 u_o 不失真的情况下,用交流毫伏表测量 U_s、U_i、U_L,记入表 4-24 中。

表 4-24

	U_s/mV	U_i/mV	U_L/V	U_o/V	A_u	R_i/kΩ	R_o/kΩ
基本放大器							
负反馈放大器	U_s/mV	U_i/mV	U_L/V	U_o/V	A_{uF}	R_{iF}/kΩ	R_{oF}/kΩ

② 保持 U_s 不变,断开负载电阻 R_L(注意,R_F 不要断开),测量空载时的输出电压 U_o,记入表 4-24 中。

(2) 测试负反馈放大器的各项性能指标。将实验电路恢复为图 4-19 的负反馈放大电路。适当加大 U_s(约 10 mV),在输出波形不失真的条件下,测量负反馈放大器的 A_{uF}、R_{iF} 和 R_{oF},记入表 4-24 中。

*3. 观察负反馈对非线性失真的改善

(1) 实验电路改接成基本放大器形式,在输入端加入 $f=1$ kHz 的正弦信号,输出端接示波器,逐渐增大输入信号的幅度,使输出波形开始出现失真,记下此时的波形和输出电压的幅度。

(2) 再将实验电路改接成负反馈放大器形式,增大输入信号幅度,使输出电压幅度的大小与上述(1)相同,与有负反馈时相比较观察输出波形的变化。

五、实验总结

1. 将基本放大器和负反馈放大器动态参数的实测值和理论估算值列表进行比较。

2. 根据实验结果,总结电压串联负反馈对放大器性能的影响。

实验七 RC 正弦波振荡器

一、实验目的

1. 进一步学习 RC 正弦波振荡器的组成及其振荡条件。

2. 学会测量、调试振荡器。

二、实验原理

从结构上看,正弦波振荡器是没有输入信号的,带选频网络的正反馈放大器。若用 R、C 元件组成选频网络,就称为 RC 振荡器,一般用来产生 1 Hz～1 MHz 的低频信号。

1. RC 移相振荡器

电路形式如图 4-21 所示,选择 $R \gg R_i$。

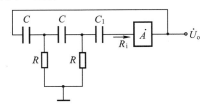

图 4-21 RC 移相振荡器原理图

振荡频率:$f_0 = \dfrac{1}{2\pi \sqrt{6} RC}$。

起振条件:放大器的电压放大倍数 $|\dot{A}| > 29$。

电路特点:简便,但选频作用差,振幅不稳,频率调节不便,一般用于频率固定且稳定性要求不高的场合。

频率范围:几赫至数十千赫。

2. RC 串并联网络(文氏桥)振荡器

电路形式如图 4-22 所示。

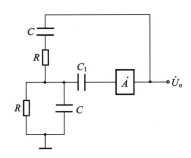

图 4-22 RC 串并联网络振荡器原理图

振荡频率:$f_0 = \dfrac{1}{2\pi RC}$。

起振条件:$|\dot{A}| > 3$。

电路特点:可方便地连续改变振荡频率,便于加负反馈稳幅,容易得到良好的振荡波形。

3. 双 T 选频网络振荡器

电路形式如图 4-23 所示。

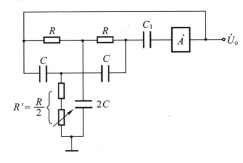

图 4-23 双 T 选频网络振荡器原理图

振荡频率：$f_0 = \dfrac{1}{5RC}$。

起振条件：$R' < \dfrac{R}{2}$，$|\dot{A}\dot{F}| > 1$。

电路特点：选频特性好，调频困难，适于产生单一频率的振荡。

注：本实验采用两级共射极分立元件放大器组成 RC 正弦波振荡器。

三、实验设备与器件

1. +12 V 直流电源。

2. 函数信号发生器。

3. 双踪示波器。

4. 频率计。

5. 直流电压表。

6. 晶体三极管 3DG12×2 或 9013×2。

7. 电阻、电容、电位器等。

四、实验内容与步骤

1. RC 串并联选频网络振荡器

(1) 按图 4-24 连接电路。

(2) 断开 RC 串并联网络，测量放大器静态工作点及电压放大倍数。

(3) 接通 RC 串并联网络，并使电路起振，用示波器观测输出电压 u_o 的波形，调节 R_F 至获得满意的正弦信号，记录波形及其参数。

(4) 测量振荡频率，并与计算值进行比较。

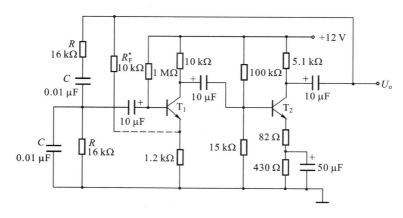

图 4-24　RC 串并联选频网络振荡器

（5）改变 R 或 C 值，观察振荡频率的变化情况。

（6）RC 串并联网络幅频特性的观察。

将 RC 串并联网络与放大器断开，将函数信号发生器的正弦信号输入 RC 串并联网络，保持输入信号的幅度不变（约 3 V），频率由低到高变化，RC 串并联网络输出幅值将随之变化，当信号源达到某一频率时，RC 串并联网络的输出将达到最大值（约 1 V）。且输入、输出同相位，此时信号源频率为

$$f = f_0 = \frac{1}{2\pi RC}$$

2．双 T 选频网络振荡器

（1）按图 4-25 连接电路。

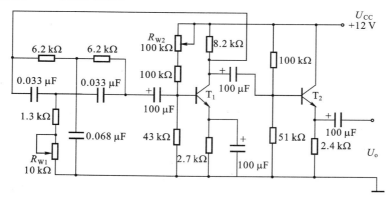

图 4-25　双 T 选频网络振荡器

（2）断开双 T 网络，调试 T_1 管静态工作点，使 U_{C1} 为 6～7 V。

（3）接入双 T 网络，用示波器观察输出波形。若不起振，调节 R_{W1} 使电路起振。

（4）测量电路振荡频率，并与计算值比较。

* 3. RC 移相式振荡器

（1）按图 4-26 组接电路。

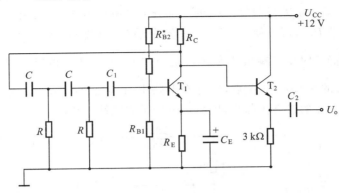

图 4-26 RC 移相式振荡器

（2）断开 RC 移相电路，调整放大器的静态工作点，测量放大器的电压放大倍数。

（3）接通 RC 移相电路，调节 R_{B2} 使电路起振，并使输出波形幅度最大，用示波器观测输出电压 u_o 的波形，同时用频率计和示波器测量振荡频率，并与理论值比较。

参数自选，时间不够可不做。

五、实验总结

1. 由给定电路参数计算振荡频率，并与实测值比较，分析误差产生的原因。
2. 总结三类 RC 振荡器的特点。

实验八　低频功率放大器
——OTL 功率放大器

一、实验目的

1. 进一步理解 OTL 功率放大器的工作原理。
2. 学会 OTL 电路的调试及主要性能指标的测试方法。

二、实验原理

图 4-27 所示为 OTL 低频功率放大器。其中由晶体三极管 T_1 组成推动级（也称前置放大级），T_2、T_3 是一对参数对称的 NPN 型和 PNP 型晶体三极管，它们组成互

补推挽 OTL 功放电路。由于每一个管子都接成射极输出器形式,因此具有输出电阻低,带负载能力强等优点,适合于作功率输出级。T_1 工作于甲类状态,它的集电极电流 I_{C1} 由电位器 R_{W1} 进行调节。I_{C1} 的一部分流经电位器 R_{W2} 及二极管 D,给 T_2、T_3 提供偏压。调节 R_{W2},可以使 T_2、T_3 得到合适的静态电流而工作于甲乙类状态,以克服交越失真。静态时要求输出端中点 A 的电位 $U_A = \frac{1}{2}U_{CC}$,可以通过调节 R_{W1} 来实现,又由于 R_{W1} 的一端接在 A 点,因此在电路中引入交、直流电压并联负反馈,一方面能够稳定放大器的静态工作点,同时也改善了非线性失真。

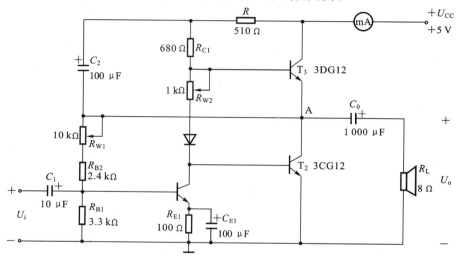

图 4-27 OTL 功率放大器的实验电路

当输入正弦交流信号 u_i 时,经 T_1 放大、倒相后同时作用于 T_2、T_3 的基极,u_i 的负半周使 T_2 导通(T_3 截止),有电流通过负载 R_L,同时向电容 C_0 充电,在 u_i 的正半周,T_3 导通(T_2 截止),则已充好电的电容器 C_0 起着电源的作用,通过负载 R_L 放电,这样在 R_L 上就得到完整的正弦波。

C_2 和 R 构成自举电路,用于提高输出电压正半周的幅度,以得到大的动态范围。

OTL 电路的主要性能指标:

1. 最大不失真输出功率 P_{om}

理想情况下,$P_{om} = \frac{1}{8}\frac{U_{CC}^2}{R_L}$,在实验中可通过测量 R_L 两端的电压有效值,来求得实际的 $P_{om} = \frac{U_o^2}{R_L}$。

2. 效率 η

$$\eta = \frac{P_{om}}{P_E} \times 100\%$$

式中，P_E 为直流电源供给的平均功率。

理想情况下，$\eta_{max} = 78.5\%$。在实验中，可测量电源供给的平均电流 I_{dc}，从而求得 $P_E = U_{CC} \cdot I_{dc}$，负载上的交流功率已用上述方法求出，因而也就可以计算实际效率了。

3. 频率响应

详见本部分实验二有关内容。

4. 输入灵敏度

输入灵敏度是指输出最大不失真功率时，输入信号 U_i 之值。

三、实验设备与器件

1. +5 V 直流电源。

2. 函数信号发生器。

3. 双踪示波器。

4. 交流毫伏表。

5. 直流电压表。

6. 直流毫安表。

7. 频率计。

8. 晶体三极管 3DG6（9011）、3DG12（9013）、3CG12（9012），晶体二极管 IN4007。

9. 8 Ω 扬声器、电阻器、电容器若干。

四、实验内容与步骤

在整个测试过程中，电路不应有自激现象。

1. 静态工作点的测试

按图 4-27 连接实验电路，将输入信号旋钮旋至零（$u_i = 0$），电源进线中串入直流毫安表，电位器 R_{W2} 置于最小值，R_{W1} 置于中间位置。接通 +5 V 电源，观察毫安表指示，同时用手触摸输出级管子，若电流过大，或管子温升显著，应立即断开电源检查原因（如 R_{W2} 开路，电路自激，或输出管性能不好等）。如无异常现象，可开始调试。

（1）调节输出端中点电位 U_A。调节电位器 R_{W1}，用直流电压表测量 A 点电位，使 $U_A = \dfrac{1}{2} U_{CC}$。

（2）调整输出级静态电流并测试各级静态工作点。调节 R_{W2}，使 T_2、T_3 的 $I_{C2} = I_{C3} = 5 \sim 10$ mA。从减小交越失真角度而言，应适当加大输出级静态电流，但该电流过大，会使效率降低，所以一般以 $5 \sim 10$ mA 为宜。由于毫安表是串在电源进线中，因此测得的是整个放大器的电流，但一般 T_1 的集电极电流 I_{C1} 较小，从而可以把测得的总电流近似当作末级的静态电流。如要准确得到末级静态电流,则可从总电流中减去 I_{C1} 之值。

调整输出级静态电流的另一方法是动态调试法。先使 $R_{W2}=0$,在输入端接入 $f=1$ kHz的正弦信号 u_i。逐渐加大输入信号的幅值,此时,输出波形应出现较严重的交越失真(注意:没有饱和和截止失真),然后缓慢增大 R_{W2},当交越失真刚好消失时,停止调节 R_{W2},恢复 $u_i=0$,此时直流毫安表读数即为输出级静态电流。一般数值也应在 $5\sim10$ mA,如过大,则要检查电路。

输出级电流调好以后,测量各级静态工作点,记入表4-25中。

表 4-25　$I_{C2}=I_{C3}=$ _____ mA,$U_A=2.5$ V

	T_1	T_2	T_3
U_B/V			
U_C/V			
U_E/V			

注意:

① 在调整 R_{W2} 时,一是要注意旋转方向,不要调得过大,更不能开路,以免损坏输出管。

② 输出管静态电流调好,如无特殊情况,不得随意旋动 R_{W2} 的位置。

2. 最大输出功率 P_{om} 和效率 η 的测试

(1)测量 P_{om}。输入端接 $f=1$ kHz 的正弦信号 u_i,输出端用示波器观察输出电压 u_o 波形。逐渐增大 u_i,使输出电压达到最大不失真输出,用交流毫伏表测出负载 R_L 上的电压 U_{om},则有

$$P_{om}=\frac{U_{om}^2}{R_L}$$

(2)测量 η。当输出电压为最大不失真输出时,读出直流毫安表中的电流值,此电流即为直流电源供给的平均电流 I_{dc}(有一定误差),由此可近似求得 $P_E=U_{CC}I_{dc}$,再根据上面测得的 P_{om},即可求出 $\eta=\dfrac{P_{om}}{P_E}$。

3. 输入灵敏度的测试

根据输入灵敏度的定义,只要测出输出功率 $P_o=P_{om}$ 时的输入电压值 U_i 即可。

4. 频率响应的测试

测试方法同本部分实验二,相关数据记入表4-26中。

表 4-26　$U_i=$ _____ mV

					f_L		f_0		f_H		
f/Hz							1 000				
U_o/V											
A_u											

在测试时,为保证电路的安全,应在较低电压下进行,通常取输入信号为输入灵敏度的 50%。在整个测试过程中,应保持 U_i 为恒定值,且输出波形不得失真。

5. 研究自举电路的作用

(1) 测量有自举电路且 $P_o=P_{omax}$ 时的电压增益 $A_u=\dfrac{U_{om}}{U_i}$。

(2) 将 C_2 开路,R 短路(无自举),再测量 $P_o=P_{omax}$ 时的 A_u。

用示波器观察(1)、(2)两种情况下的输出电压波形,并将以上两项测量结果进行比较,分析研究自举电路的作用。

6. 噪声电压的测试

测量时将输入端短路($u_i=0$),观察输出噪声波形,并用交流毫伏表测量输出电压,即为噪声电压 U_N,本电路若 $U_N<15$ mV,即满足要求。

7. 试听

输入信号改为录音机输出,输出端接试听音箱和示波器。开机试听,并观察语言和音乐信号的输出波形。

五、实验总结

1. 整理实验数据,计算静态工作点、最大不失真输出功率 P_{om}、效率 η 等,并与理论值进行比较。画频率响应曲线。

2. 分析自举电路的作用。

3. 讨论实验中发生的问题及解决办法。

实验九　直流稳压电源
——串联调整型稳压电源

一、实验目的

1. 研究单相桥式整流、电容滤波电路的特性。

2. 掌握串联调整型晶体管稳压电源主要技术指标的测试方法。

二、实验原理

电子设备一般都需要直流电源供电。这些直流电源除了少数直接利用干电池和直流发电机外,大多数是采用把交流电(市电)转变为直流电的直流稳压电源。

直流稳压电源由电源变压器、整流电路、滤波电路和稳压电路四部分组成,其原理框图如图 4-28 所示。电网供给的交流电压 u_1(220 V,50 Hz)经电源变压器降压后,得到符合电路需要的交流电压 u_2,然后由整流电路变换成方向不变、大小随时间变化的脉动电压 u_3,再用滤波器滤去其交流分量,就可得到比较平直的直流电压 u_i。但这样的直流输出电压,还会随交流电网电压的波动或负载的变动而变化。在对直流供电要求较高的场合,还需要使用稳压电路,以保证输出直流电压更加稳定。

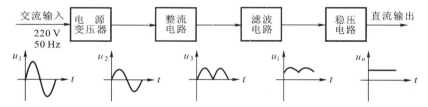

图 4-28　直流稳压电源框图

图 4-29 是由分立元件组成的串联型稳压电源的电路图。其整流部分为单相桥式整流、电容滤波电路。稳压部分为串联型稳压电路,它由调整元件(晶体管 T_1),比较放大器 T_2、R_7,取样电路 R_1、R_2、R_w,基准电压 D_w、R_3 和过流保护电路 T_3 及电阻 R_4、R_5、R_6 等组成。整个稳压电路是一个具有电压串联负反馈的闭环系统,其稳压过程为:当电网电压波动或负载变动引起输出直流电压发生变化时,取样电路取出输出电压的一部分送入比较放大器,并与基准电压进行比较,产生的误差信号经 T_2 放大后送至调整管 T_1 的基极,使调整管改变其管压降,以补偿输出电压的变化,从而达到稳定输出电压的目的。

由于在稳压电路中,调整管与负载串联,因此流过它的电流与负载电流一样大。当输出电流过大或发生短路时,调整管会因电流过大或电压过高而损坏,所以需要对调整管加以保护。在图 4-29 电路中,晶体管 T_3、R_4、R_5、R_6 组成减流型保护电路。此电路设计在 $I_{op}=1.2I_o$ 时开始起保护作用,此时输出电流减小,输出电压降低。故障排除后电路应能自动恢复正常工作。在调试时,若保护提前作用,应减少 R_6 值;若保护作用滞后,则应增大 R_6 之值。

稳压电源的主要性能指标:

1. 输出电压 U_o

$$U_o = \frac{R_1 + R_w + R_2}{R_2 + R_w''}(U_Z + U_{BE2})$$

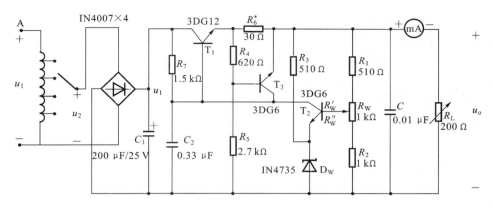

图 4-29 串联型稳压电源实验电路

调节 R_W 可以改变输出电压 U_o。

2. 最大负载电流 I_{om}

3. 输出电阻 R_o

输出电阻 R_o 定义为：当输入电压 U_i（指稳压电路输入电压）保持不变，由于负载变化而引起的输出电压变化量与输出电流变化量之比，即

$$R_o = \frac{\Delta U_o}{\Delta I_o}\bigg|_{U_i = 常数}$$

4. 稳压系数 S（电压调整率）

稳压系数定义为：当负载保持不变，输出电压相对变化量与输入电压相对变化量之比，即

$$S = \frac{\Delta U_o / U_o}{\Delta U_i / U_i}\bigg|_{R_L = 常数}$$

由于工程上常把电网电压波动 $\pm 10\%$ 作为极限条件，因此也有将此时输出电压的相对变化 $\Delta U_o / U_o$ 作为衡量指标，称为电压调整率。

5. 纹波电压

输出纹波电压是指在额定负载条件下，输出电压中所含交流分量的有效值（或峰值）。

三、实验设备与器件

1. 可调工频电源。

2. 双踪示波器。

3. 交流毫伏表。

4. 直流电压表。

5. 直流毫安表。

6. 滑线变阻器 200 Ω/1 A。

7. 晶体三极管 3DG6×2（9011×2）、3DG12×1（9013×1），晶体二极管 IN4007
×4，稳压管 IN4735×1。

8. 电阻器、电容器若干。

四、实验内容与步骤

1. 整流滤波电路测试

按图 4-30 连接实验电路。取可调工频电源电压为 16 V，作为整流电路的输入
电压 u_2。

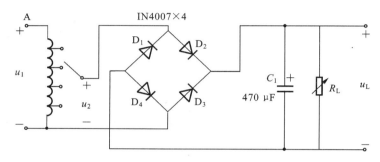

图 4-30　整流滤波电路

（1）取 $R_L = 240\ \Omega$，不加滤波电容，测量直流输出电压 U_L 和纹波电压 u_L，并用
示波器观察 u_2 和 u_L 波形，记入表 4-27 中。

（2）取 $R_L = 240\ \Omega$，$C = 470\ \mu F$，重复（1）的内容，记入表 4-27 中。

（3）取 $R_L = 120\ \Omega$，$C = 470\ \mu F$，重复（1）的内容，记入表 4-27 中。

表 4-27　$U_2 = 16$ V

	电路形式	U_L/V	u_L 波形
$R_L = 240\ \Omega$			
$R_L = 240\ \Omega$ $C = 470\ \mu F$			
$R_L = 120\ \Omega$ $C = 470\ \mu F$			

注意：

① 每次改接电路时,必须切断工频电源。

② 在观察输出电压 u_L 波形的过程中,"Y 轴灵敏度"旋钮位置调好以后,不要再变动,否则将无法比较各波形的脉动情况。

2. 串联型稳压电源性能测试

切断工频电源,在图 4-30 基础上按图 4-29 连接实验电路。

(1) 初测。稳压器输出端负载开路,断开保护电路,接通 16 V 工频电源,测量整流电路输入电压 U_2,滤波电路输出电压 U_i(稳压器输入电压)及输出电压 U_o。调节电位器 R_W,观察 U_o 的大小和变化情况,如果 U_o 能跟随 R_W 线性变化,这说明稳压电路各反馈环路工作基本正常。否则,说明稳压电路有故障,因为稳压器是一个深负反馈的闭环系统,只要环路中任一个环节出现故障(某管截止或饱和),稳压器就会失去自动调节作用。此时可分别检查基准电压 U_Z、输入电压 U_i、输出电压 U_o,以及比较放大器和调整管各电极的电位(主要是 U_{BE} 和 U_{CE}),分析它们的工作状态是否都处在线性区,从而找出不能正常工作的原因。排除故障以后就可以进行下一步测试。

(2) 测量输出电压可调范围。接入负载 R_L(滑线变阻器),并调节 R_L,使输出电流 $I_o \approx 100$ mA。再调节电位器 R_W,测量输出电压可调范围 $U_{omin} \sim U_{omax}$。且使 R_W 动点在中间位置附近时 $U_o = 12$ V。若不满足要求,可适当调整 R_1、R_2 之值。

(3) 测量各级静态工作点。调节输出电压 $U_o = 12$ V,输出电流 $I_o = 100$ mA,测量各级静态工作点,记入表 4-28 中。

表 4-28　$U_2 = 16$ V,$U_o = 12$ V,$I_o = 100$ mA

	T_1	T_2	T_3
U_B/V			
U_C/V			
U_E/V			

(4) 测量稳压系数 S。取 $I_o = 100$ mA,按表 4-29 改变整流电路输入电压 U_2(模拟电网电压波动),分别测出相应的稳压器输入电压 U_i 及输出直流电压 U_o,记入表 4-29 中。

表 4-29　$I_o = 100$ mA

测试值			计算值
U_2/V	U_1/V	U_o/V	S
14			$S_{12} =$
16		12	
18			$S_{23} =$

（5）测量输出电阻 R_o。取 $U_2 = 16$ V，改变滑线变阻器位置，使 I_o 为空载、50 mA 和 100 mA，测量相应的 U_o 值，记入表 4-30 中。

表 4-30　$U_2 = 16$ V

测试值		计算值
I_o/mA	U_o/V	R_o/Ω
空载		$R_{o12} =$
50	12	
100		$R_{o23} =$

（6）测量输出纹波电压。取 $U_2 = 16$ V，$U_o = 12$ V，$I_o = 100$ mA，测量输出纹波电压 U_o，记录之。

（7）调整过流保护电路。

① 断开工频电源，接上保护回路，再接通工频电源，调节 R_W 及 R_L 使 $U_o = 12$ V，$I_o = 100$ mA，此时保护电路应不起作用。测出 T_3 各极电位值。

② 逐渐减小 R_L，使 I_o 增加到 120 mA，观察 U_o 是否下降，并测出保护起作用时 T_3 各极的电位值。若保护作用过早或滞后，可改变 R_6 之值进行调整。

③ 用导线瞬时短接一下输出端，测量 U_o 值，然后去掉导线，检查电路是否能自动恢复正常工作。

五、实验总结

1. 对表 4-27 所测结果进行全面分析，总结桥式整流、电容滤波电路的特点。

2. 根据表 4-29 和表 4-30 所测数据，计算稳压电路的稳压系数 S 和输出电阻 R_o，并进行分析。

3. 分析讨论实验中出现的故障及其排除方法。

第五部分

数字电子技术实验

KHD-2 型数字电路实验装置介绍

1．"KHD-2 型数字电路实验装置"是由浙江天煌科技实业有限公司,依据目前我国"数字电子技术"教学实验大纲的要求,开发的新一代网络型实验装置。

2．该装置结合现代教育的特点和实验教学的发展趋势,配置了智能化仪器仪表及网络控制器,实现了网络通信功能,配有计算机辅助教学(CAI)管理软件,可进行实验仿真、实验室网络通信、人机对话、自动生成实验报告、实验成绩统计、实验设备的动态管理、实验时间的管理、网上预约等功能,为开放性实验室的现代化管理创造了理想的条件。

3．该装置由两块数字电路实验板(带数据采集卡)、电网电压指示、电源总开关、漏电保护器、双组智能直流电压表、双组智能直流电流表、双组智能等精度频率计、双组直流稳压电源、双组函数信号发生器/数字频率计等共 14 个单元组成。

4．技术性能。

(1) 输入电源为单相三线 220 V(±10％的误差),50 Hz。

(2) 工作环境:温度为－10～＋40 ℃, 相对湿度小于 85％(25 ℃),海拔小于40 000 m。

(3) 绝缘电阻大于 3 MΩ。

(4) 漏电保护:漏电动作电流不大于 30 mA,动作时间不大于 0.1 s。

(5) 装置容量小于 200 V·A。

5．各单元功能与使用说明。

(1) 数电实验板。实验板上装有近 800 个长短不同的锁紧式防转叠插座,以及数百根可靠的镀银长紫铜管,用以接插电阻器、电容器、二极管、三极管等元器件;装有圆脚集成插座 8P(3 个)、14P(16 个)、16P(18 个)、20P(3 个)、24P(4 个)、28P(1 个)、40P(1 个),普通集成插座 8P(2 个)、14P(2 个)、16P(1 个)、20P(1 个),锁紧插座 40P(1 个);10 kΩ 多圈电位器 1 个及 100 kΩ、1 MΩ 碳膜电位器各 1 个;四位联体共阴数码管 1 个;普通共阳数码管 6 个;还装有继电器、旋钮、蜂鸣器、音乐片、拨码开关、钮子开关、复位按钮、弱电插座、发光二极管等元器件,以备实验时选用。

(2) 智能直流电压表。能测量直流电压,测量范围 0～200 V,量程自动判断、自动切换,三位半数显,输入阻抗 10 MΩ,基本精度 ±0.5％读数±2 个字。

(3) 智能直流电流表。能测量直流电流,测量范围 0～2 A,量程自动判断、自动切换,三位半数显,基本精度 ±0.5％读数±2 个字。

(4) 智能等精度数显频率计。具有宽计量范围、高精度、高灵敏度。以高速低功耗 CPLD 器件为核心模块,配备高灵敏度的模拟变换电路与逻辑控制 CPU。测量范围为 0.5～100 MHz。

（5）直流稳压电源。本实验装置提供了±5 V 和±15 V 直流稳压输出，并在实验板上有多个+5 V 电源插孔。

（6）函数信号发生器/数字频率计。

① 函数信号发生器。输出频率范围为 2 Hz～2 MHz；输出幅度峰-峰值为 8 mV ～16 U_{p-p}；可输出正弦波、方波、三角波三种波形；输出频率分七个频段选择；设有三位 LED 数码管显示其输出幅度（峰-峰值）。

② 数字频率计。测量范围为 1 Hz～10 MHz，共有六位阴极 LED 数码管予以显示，闸门时基 1 s，灵敏度 35 mV（1～500 kHz），100 mV（500 kHz～10 MHz）；测量精度为 0.02%（10 MHz）。

实验一　TTL 集成逻辑门逻辑功能测试

一、实验目的

1. 熟悉数字电路实验装置的结构、基本功能和使用方法。
2. 掌握 TTL 集成与非门、或非门、非门、与门和异或门的逻辑功能和测试方法。
3. 掌握 TTL 器件的使用规则。

二、实验原理

1. 与门：具有两个或两个以上的输入端和一个输出端。其逻辑功能为"有 0 出 0，全 1 出 1"。

2. 或门：具有两个或两个以上的输入端和一个输出端。其逻辑功能为"有 1 出 1，全 0 出 0"。

3. 非门：只有一个输入端和一个输出端。其逻辑功能为"有 0 出 0，有 1 出 1"。

以上三种逻辑门为基本逻辑门，而与非门、或非门、与或非门、异或门和同或门是由它们组合而成的复合逻辑门。

三、实验设备与器件

1. KHD-2 型数字电路实验装置。
2. 74LS00、74LS02、74LS04 、74LS08、74LS86 各 1 个。
3. 导线若干。

四、实验内容与步骤

1. 测试 74LS00（四 2 输入与非门）逻辑功能

（1）在 74LS00 上任选一个与非门按照图 5-1 接线。将与非门输入端 A、B 分别接逻辑开关，与非门输出端 Y 接逻辑电平显示。

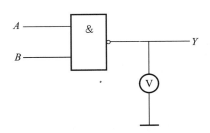

图 5-1 与非门逻辑功能测试电路图

（2）检查电路、接通电源。

（3）按表 5-1 要求，改变输入端 A、B 逻辑状态，分别测出输出端 Y 的逻辑电平和逻辑状态，测试结果记入表 5-1 中。

表 5-1

输入端		与非门输出		或非门输出		与门输出		异或门输出	
A	B	电平/V	逻辑状态	电平/V	逻辑状态	电平/V	逻辑状态	电平/V	逻辑状态
0	0								
0	1								
1	0								
1	1								

2. 测试 74LS02（四 2 输入或非门）逻辑功能

按图 5-2 接线，步骤同实验内容与步骤 1，测试结果记入表 5-1 中。

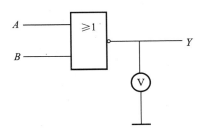

图 5-2 或非门逻辑功能测试电路图

3. 测试 74LS04（六非门）逻辑功能

按图 5-3 接线,步骤同实验内容与步骤 1,测试结果记入表 5-2 中。

表 5-2

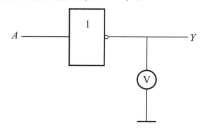

图 5-3　非门逻辑功能测试电路图

输入端	输出端	
A	电平/V	逻辑状态
0		
1		

4. 测试 74LS08(四 2 输入与门)逻辑功能

按图 5-4 接线,步骤同实验内容与步骤 1,测试结果记入表 5-1 中。

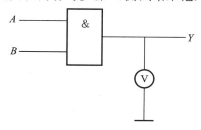

图 5-4　与门逻辑功能测试电路图

5. 测试 74LS86(四 2 输入异或门)逻辑功能

按图 5-5 接线,步骤同实验内容与步骤 1,测试结果记入表 5-1 中。

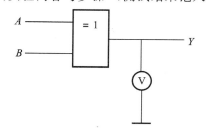

图 5-5　异或门逻辑功能测试电路图

五、说明

1. 集成电路芯片简介

数字电路实验中所用到的集成芯片都是双列直插式的,其引脚排列的识别方法是:正对集成电路型号(如 74LS20)或看标记(左边的缺口或小圆点标记),从左下角开始按逆时针方向以 1,2,3,…,依次排列到最后一脚(在左上角)。在标准形 TTL集成电路中,电源端 U_{CC} 一般排在左上端,接地端 GND 一般排在右下端。如 74LS20为 14 脚芯片,14 脚为 U_{CC},7 脚为 GND。若集成芯片引脚上的功能标号为 NC,则表示该引脚为空脚,与内部电路不连接。

2. TTL集成电路使用规则

(1)接插集成块时,要认清定位标记,不得插反。

(2)电源电压使用范围为4.5 V～5.5 V之间,实验中要求使用$U_{cc}=+5$ V。电源极性绝对不允许接错。

(3)闲置输入端处理方法。

① 悬空,相当于逻辑"1",对于一般小规模集成电路的数据输入端,实验时允许悬空处理。但易受外界干扰,导致电路的逻辑功能不正常。因此,对于接有长线的输入端、中规模以上的集成电路和使用集成电路较多的复杂电路,所有控制输入端必须按逻辑要求接入电路,不允许悬空。

② 直接接电源电压U_{cc}(也可以串入一只1～10 kΩ的固定电阻)或接至某一固定电压(2.4 V≤U≤4.5 V)的电源上,或与输入端为接地的多余与非门的输出端相接。

③ 若前级驱动能力允许,可以与使用的输入端并联。

(4)输入端通过电阻接地,电阻值的大小将直接影响电路所处的状态。当R≤680 Ω时,输入端相当于逻辑"0";当R≥4.7 kΩ时,输入端相当于逻辑"1"。对于不同系列的器件,要求的阻值不同。

(5)输出端不允许并联使用(集电极开路门电路(OC)和三态输出门电路(3S)除外),否则不仅会使电路逻辑功能混乱,并会导致器件损坏。

(6)输出端不允许直接接地或直接接+5 V电源,否则将损坏器件,有时为了使后级电路获得较高的输出电平,允许输出端通过电阻R接至U_{cc},一般取$R=3$～5.1 kΩ。

实验二　组合逻辑电路的设计与功能测试

一、实验目的

1. 掌握组合逻辑电路的分析与测试方法。
2. 能用指定芯片完成组合逻辑电路的设计。
3. 熟悉各种集成门电路并能正确使用集成门电路。

二、实验原理

用中、小规模集成电路来构成的组合电路是最常见的逻辑电路。分析组合逻辑电路的一般步骤是:首先由逻辑图列出逻辑表达式;然后化简表达式,并画出对应的真值表;最后由真值表分析电路的逻辑功能。

设计组合电路的一般步骤是:根据设计任务的要求建立输入、输出变量,并列出真值表;然后用逻辑代数或卡诺图化简法求出简化的逻辑表达式,并按实际选用逻辑门的类型修改逻辑表达式,根据简化后的逻辑表达式,画出逻辑图,用标准器件构成逻辑电路;最后,用实验来验证设计的正确性。

三、实验设备与器件

1. KHD-2 型数字电路实验装置。
2. 74LS00(2 个)、74LS86(1 个)。
3. 导线若干。

四、实验内容与步骤

1. 使用与非门构成的电路的逻辑功能

(1) 按图 5-6 接线,输入端接逻辑电平输出,输出端接逻辑电平显示。按表 5-3 要求输入信号,测出相应的输出逻辑电平,并记入表 5-3 中。

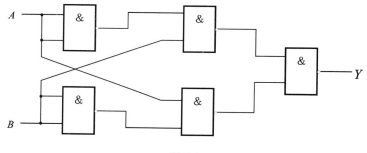

图 5-6

(2) 列出图 5-6 所示逻辑电路的逻辑表达式,画出对应的真值表,并与表 5-3 中的测试结果比较,看是否一致。

表 5-3

输入		输出
A	B	Y

$Y=$ _____ 。

（3）分析电路的逻辑功能。

2. 设计用与非门和异或门组成的半加器电路

要求列出设计过程，并用实验验证所设计的电路的功能是否满足要求。

实验三　译码器及其应用

一、实验目的

1. 掌握中规模集成译码器的逻辑功能和使用方法。

2. 熟悉数据拨码开关、显示译码器和 LED 数码管的使用。

二、实验原理

译码器是一个多输入多输出的组合逻辑电路，它的作用是把给定的代码进行"翻译"，变成相应的状态，使输出通道中相应的一路有信号输出。

译码器可分为通用译码器和显示译码器。

三、实验设备与器件

1. KHD-2 型数字电路实验装置。

2. 74LS138(1 个)、74LS20(1 个)。

3. 导线若干。

四、实验内容与步骤

1. 74LS138 逻辑功能测试

（1）74LS138 为 3 线-8 线译码器，其管脚排列及各脚功能见附录。将 A_2、A_1、A_0 分别接高低电平开关，用于选择 $\overline{Y}_0 \sim \overline{Y}_7$ 中的一个。

（2）输出 $\overline{Y}_0 \sim \overline{Y}_7$ 分别接 8 只发光二极管，用于指示 $\overline{Y}_0 \sim \overline{Y}_7$ 8 只引脚的输出高低电平情况。

（3）使能端 ST_A、$\overline{ST}_B$、$\overline{ST}_C$ 按表 5-4 要求接入高低电平，并将测试结果记入表 5-4 中。

表 5-4

输　入						输　出							
使能端			代码端										
ST_A	$\overline{ST_B}$	$\overline{ST_C}$	A_2	A_1	A_0	$\overline{Y_0}$	$\overline{Y_1}$	$\overline{Y_2}$	$\overline{Y_3}$	$\overline{Y_4}$	$\overline{Y_5}$	$\overline{Y_6}$	$\overline{Y_7}$
0	×	×	×	×	×								
1	1	1	×	×	×								
1	0	0	0	0	0								
1	0	0	0	0	1								
1	0	0	0	1	0								
1	0	0	0	1	1								
1	0	0	1	0	0								
1	0	0	1	0	1								
1	0	0	1	1	0								
1	0	0	1	1	1								

2. 74LS138 的应用

用 74LS138 实现组合逻辑函数 $Y = \overline{A}\,\overline{B}\,\overline{C} + \overline{A}B\overline{C} + A\overline{B}\overline{C} + ABC$。

(1) 设计逻辑电路。

(2) 按所设计的电路接线测试,并与计算值对比,检查所设计电路是否正确。

3. 数据拨码开关的使用

在实验台上的四组拨码开关中选一组的输出 A、B、C、D,并接至一个显示译码/驱动器 74LS47 的对应输入口,TL、RBI、BI/RBO 接至三个逻辑开关的输出插口上,使 $TL=1$,$RBI=1$,$BI/RBO=1$,接上 $+5$ V 显示器的电源,按动数码的增减键,观察拨码盘上的数字与 LED 数码管显示器的对应数字是否一致及译码显示是否正常;改变 TL、RBI、BI/RBO 的数值,观察其对显示数字的影响,说明 TL、RBI、BI/RBO 的作用。

实验四　数据选择器及其应用

一、实验目的

1. 掌握中规模集成数据选择器的逻辑功能和使用方法。

2. 学习用数据选择器构成组合逻辑电路的方法。

二、实验原理

数据选择器又称多路选择器或多路开关，是从多通道的数据中选择某一通道的数据送到输出端的器件。它在地址码电位的控制下，从几个数据输入源中选择一个，并将其送到一个公共端输出。4 选 1 数据选择器示意图如图 5-7 所示。

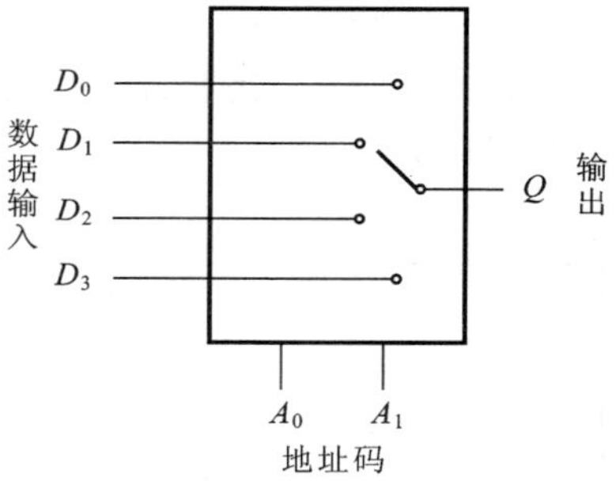

图 5-7 4 选 1 数据选择器示意图

三、实验设备与器件

1. KHD-2 型数字电路实验装置。

2. 74LS151(1 个)、74LS153(1 个)。

3. 导线若干。

四、实验内容与步骤

1. 74LS153 逻辑功能测试

(1) 74LS153 是双 4 选 1 数据选择器，其管脚排列及各脚功能见附录。现测试其中一个 4 选 1 数据选择器的功能。将选择输入端 A_1、A_0，数据输入端 $1D_0$、$1D_1$、$1D_2$、$1D_3$ 和选通输入端 $1\overline{ST}$ 分别接至逻辑电平开关。

(2) 将数据输出端 $1Y$ 接逻辑电平显示。

(3) 将输入端按表 5-5 送入高低电平，测试 $1Y$ 输出的结果，并记入表 5-5 中。

表 5-5

输　入							输　出
A_1	A_0	$1D_0$	$1D_1$	$1D_2$	$1D_3$	$1\overline{ST}$	$1Y$
$\times$	$\times$	$\times$	$\times$	$\times$	$\times$	1	
0	0	0	$\times$	$\times$	$\times$	0	
0	0	1	$\times$	$\times$	$\times$	0	
0	1	$\times$	0	$\times$	$\times$	0	
0	1	$\times$	1	$\times$	$\times$	0	
1	0	$\times$	$\times$	0	$\times$	0	
1	0	$\times$	$\times$	1	$\times$	0	
1	1	$\times$	$\times$	$\times$	0	0	
1	1	$\times$	$\times$	$\times$	1	0	

2. 74LS151 应用

(1) 74LS151 是 8 选 1 数据选择器,其功能表如表 5-6 所示,其管脚排列及各脚功能见附录。

表 5-6

输 入				输 出	
$\overline{ST}$	A_2	A_1	A_0	Y	$\overline{Y}$
1	×	×	×	0	1
0	0	0	0	D_0	$\overline{D_0}$
0	0	0	1	D_1	$\overline{D_1}$
0	0	1	0	D_2	$\overline{D_2}$
0	0	1	1	D_3	$\overline{D_3}$
0	1	0	0	D_4	$\overline{D_4}$
0	1	0	1	D_5	$\overline{D_5}$
0	1	1	0	D_6	$\overline{D_6}$
0	1	1	1	D_7	$\overline{D_7}$

(2) 用 74LS151 设计一个检测交通信号灯工作状态的电路。其条件是:信号灯由红(用 R 表示)、黄(用 Y 表示)、绿(用 G 表示)三种颜色灯组成,正常工作时任何时刻只能有一种灯亮,而当出现其他五种灯亮状态时,即电路发生故障,要求逻辑电路发出故障信号。设用逻辑开关的 1、0 分别表示 R、Y、G 灯的亮、灭状态,故障信号由实验中的灯亮表示。

① 按命题要求设计出电路。

② 按所设计的电路连线,测试功能是否符合命题要求。

实验五　触　发　器

一、实验目的

1. 掌握基本 RS 触发器、D 触发器和 T' 触发器的逻辑功能。

2. 掌握集成触发器的使用方法。

3. 熟悉触发器之间的相互转换方法。

二、实验原理

触发器具有两个稳定状态,在一定外界信号作用下,可以从一个稳定状态翻转到另一个稳定状态,它是一个具有记忆功能的二进制信息存储器件,是构成各种时序电路的最基本的逻辑单元。

三、实验设备与器件

1. KHD-2 型数字电路实验装置。
2. 74LS74(1 个)、74LS00(1 个)。
3. 导线若干。

四、实验内容与步骤

1. 基本 RS 触发器的逻辑功能测试

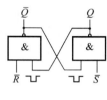

图 5-8

按图 5-8 接线,用两个与非门组成基本 RS 触发器。输入端 $\overline{R}$ 和 $\overline{S}$ 接逻辑开关的输出插口,输出端 Q 和 $\overline{Q}$ 接逻辑电平显示输入插口。按表 5-8 要求测试并记入表 5-8 中。

表 5-8

$\overline{R}$	$\overline{S}$	Q	$\overline{Q}$
1	1→0		
	0→1		
1→0	1		
0→1			
0	0		

2. 双 D 触发器 74LS74 逻辑功能测试

(1) 测试 $\overline{R}_D$、$\overline{S}_D$ 的复位置位功能。任取一只 D 触发器。$\overline{R}_D$、$\overline{S}_D$ 和 D 端分别接至逻辑开关输出插口,CP 接单次脉冲源,Q、$\overline{Q}$ 端接至逻辑电平显示输入插口,要求改变 $\overline{R}_D$、$\overline{S}_D(D$、CP 处于任意状态),并在 $\overline{R}_D=0(\overline{S}_D=1)$ 或 $\overline{S}_D=0(\overline{R}_D=1)$ 作用期间任意改变 CP 及 D 的状态,观察 Q 和 $\overline{Q}$ 的状态,记入表 5-9 中。

表 5-9

CP	$\overline{R}_D$	$\overline{S}_D$	D	Q^{n+1}	$\overline{Q}^{n+1}$
×	0	1	×		
×	1	0	×		

(2) 测试 D 触发器的逻辑功能。按表 5-10 要求进行测试,并观察触发器状态的更新是否发生在 CP 脉冲的上升沿,记入表 5-10 中。

表 5-10

D	CP	Q^{n+1}	
		$Q^n = 0$	$Q^n = 1$
0	$0 \to 1$		
	$1 \to 0$		
1	$0 \to 1$		
	$1 \to 0$		

（3）将 D 触发器的 $\overline{Q}$ 端和 D 端相连构成 T' 触发器。将 CP 接至单次脉冲源,令 $\overline{R}_D = \overline{S}_D = 1$,连续按动单次脉冲源,观察输出端 Q 的变化,说明 T' 触发器的功能。

实验六　　计数器功能测试

一、实验目的

1. 学习用集成触发器构成计数器的方法。
2. 掌握中规模集成计数器的使用及功能测试方法。

二、实验原理

计数器是一个用以实现计数功能的时序部件,它不仅可用于计脉冲数,还常用作数字系统的定时、分频,执行数字运算以及其他特定的逻辑功能。

计数器种类很多,按构成计数器中的各触发器是否使用一个时钟脉冲源,可分为同步计数器和异步计数器。根据计数制的不同,可分为二进制计数器、十进制计数器和任意进制计数器。根据计数的增减趋势不同,可分为加法计数器、减法计数器和可逆计数器。此外,还有可预置数计数器和可编程序功能计数器等。

三、实验设备与器件

1. KHD-2 型数字电路实验装置。
2. 74LS74(2 个)、CD4520(1 个)。
3. 导线若干。

四、实验内容与步骤

1. 用 D 触发器构成四位二进制异步加法计数器

图 5-9 是用四只 D 触发器构成的四位二进制异步加法计数器,它的连接特点是将每只 D 触发器接成 T' 触发器,再由低位触发器的 $\overline{Q}$ 端和高一位的 CP 端相连接。按图 5-9 接线,测试,并将结果记入表 5-11 中。

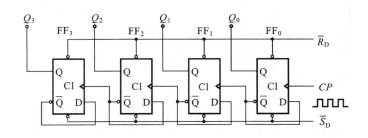

图 5-9　四位二进制异步加法计数器

表 5-11

$\overline{R}_D$	$\overline{S}_D$	CP 顺序	Q_3　Q_2　Q_1　Q_0
0	1	0	
1	1	1	
1	1	2	
1	1	3	
1	1	4	
1	1	5	
1	1	6	
1	1	7	
1	1	8	
1	1	9	

2. 用 D 触发器构成四位二进制异步减法计数器

图 5-10 是用四只 D 触发器构成的四位二进制异步减法计数器,它的连接特点是将每只 D 触发器接成 T' 触发器,再由低位触发器的 Q 端和高一位的 CP 端相连接。按图 5-10 接线,测试,并将结果记入表 5-12 中。

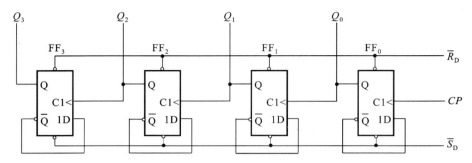

图 5-10 四位二进制异步减法计数器

表 5-12

$\overline{R}_D$	$\overline{S}_D$	CP 顺序	Q_3 Q_2 Q_1 Q_0
1	0	0	
1	1	1	
1	1	2	
1	1	3	
1	1	4	
1	1	5	
1	1	6	
1	1	7	
1	1	8	
1	1	9	

3. 测试 CD4520(双四位二进制同步计数器)的逻辑功能

任选一个四位二进制同步计数器,计数脉冲由单次脉冲源提供,计数器脉冲由 CP 或 E 端送入,置 0 端 R 接逻辑电平开关的输出插口,Q_3、Q_2、Q_1、Q_0 接逻辑电平显示输入插口。按表 5-13 逐项测试功能。

表 5-13

CP	E	R	功 能
0→1	1	0	计数
0	1→0	0	

CP	E	R	功　能
1→0	×	0	
×	0→1	0	
0→1	0	0	保持
1	1→0	0	
×	×	1	置 0

实验七　555型集成时基电路及其应用

一、实验目的

1. 熟悉 555 型集成时基电路的结构、工作原理及其特点。
2. 掌握 555 型集成时基电路的基本应用。

二、实验原理

555 型集成时基电路又称为集成定时器或 555 电路,是一种数字、模拟混合型的中规模集成电路,应用十分广泛。它是一种产生时间延迟和多种脉冲信号的电路,由于内部电压标准使用了三个 5 kΩ 电阻,故取名 555 电路。

1. 555 电路的工作原理

555 定时器的内部电路图及管脚排列图如图 5-11 所示,表 5-14 给出了 555 定时器 5 号端开路时的功能表。

表 5-14　555 定时器功能表

输　入			输　出	
阈值输入(u_{i1})	触发输入(u_{i2})	复位	输出(u_o)	放电管 T
×	×	0	0	导通
$<2U_{CC}/3$	$<U_{CC}/3$	1	1	截止
$>2U_{CC}/3$	$>U_{CC}/3$	1	0	导通
$<2U_{CC}/3$	$>U_{CC}/3$	1	不变	不变

2. 555 定时器的典型应用

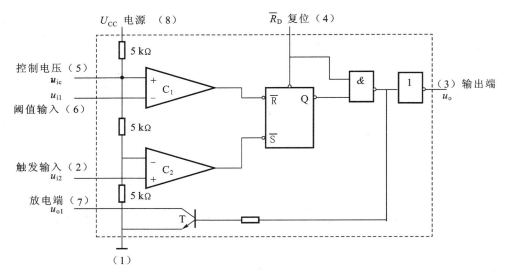

图 5-11

（1）构成单稳态触发器。

（2）构成多谐振荡器。

（3）组成施密特触发器。

三、实验设备与器件

1. KHD-2 型数字电路实验装置。

2. 双踪示波器、555 集成定时器、电阻、电容若干。

3. 导线若干。

四、实验内容与步骤

1. 用 555 定时器构成单稳态触发器

按图 5-12 连线，输入信号 u_i 由单次脉冲源提供，用双踪示波器观测 u_i、u_c、u_o 波形。测定幅度与暂稳时间。

2. 用 555 定时器构成多谐振荡器

按图 5-13 接线，用双踪示波器观测并绘出 u_c 与 u_o 的波形，并测定 u_o 的周期、幅值和脉宽。

3. 多谐振荡器

按表 5-15 要求填入数据。

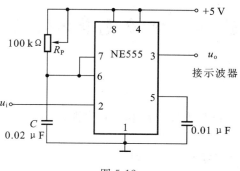

图 5-12

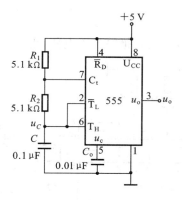

图 5-13

表 5-15

波　形	u_o		
	周期	脉宽	幅值
u_C ————————→ t u_o ————————→ t			

实验八　智力竞赛抢答装置

一、实验目的

1. 学习数字电路中 D 触发器、分频电路、多谐振荡器、CP 时钟脉冲源等单元电路的综合运用。

2. 熟悉智力竞赛抢赛器的工作原理。

3. 了解简单数字系统实验、调试及故障排除的方法。

二、实验原理

图 5-14 为供四人用的智力竞赛抢答装置电路,用以判断抢答优先权。

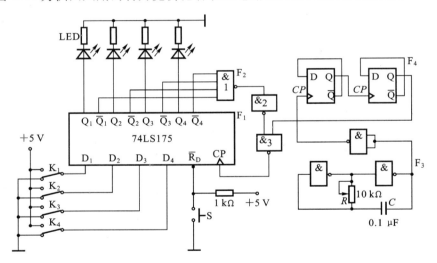

图 5-14　智力竞赛抢答装置原理图

图中 F_1 为四 D 触发器 74LS175,它具有公共置 0 端和公共 CP 端,引脚排列见附录;F_2 为双 4 输入与非门 74LS20;F_3 是由 74LS00 组成的多谐振荡器;F_4 是由 74LS74 组成的四分频电路。F_3、F_4 组成抢答电路中的 CP 时钟脉冲源,抢答开始时,由主持人清除信号,按下复位开关 S,74LS175 的输出 $Q_1 \sim Q_4$ 全为 0,所有发光二极管 LED 均熄灭,当主持人宣布"抢答开始"后,首先作出判断的参赛者立即按下开关,对应的发光二极管点亮,同时,通过与非门 F_2 送出信号锁住其余三个抢答者的电路,不再接受其他信号,直到主持人再次清除信号为止。

三、实验设备与器件

1. KHD-2 型数字电路实验装置。

2. 74LS175(1 个)、74LS20(1 个)、74LS74(1 个)、74LS00(2 个),电阻、电容若干。

3. 导线若干。

四、实验内容与步骤

1. 测试各触发器与逻辑门的逻辑功能。测试方法参照前面相关实验内容与步骤,判断器件的好坏。

2. 图 5-14 接线,抢答器五个开关接实验装置上的逻辑开关,发光二极管接逻辑电平显示器。

3. 开抢答器电路中 CP 脉冲源电路,单独对多谐振荡器 F_3 及分频器 F_4 进行调试,调整多谐振荡器 10 kΩ 电位器,使其输出脉冲频率约 4 kHz,观察 F_3 及 F_4 输出波形并测试其频率。

4. 测试抢答器电路的功能。接通＋5 V 电源,CP 端接实验装置上的连续脉冲源,取重复频率约 1 kHz。

(1) 抢答开始前,开关 K_1、K_2、K_3、K_4 均置"0",准备抢答,将开关 S 置"0",发光二极管全熄灭,再将 S 置"1"。抢答开始,K_1、K_2、K_3、K_4 某一开关置"1",观察发光二极管的亮、灭情况,然后再将其他三个开关中任一个置"1",观察发光二极管的亮、灭是否有改变。

(2) 重复(1)的内容,改变 K_1、K_2、K_3、K_4 任一个开关状态,观察抢答器的工作情况。

(3) 整体测试。断开实验装置上的连续脉冲源,接入 F_3 和 F_4,再进行实验。

5. 分析智力竞赛抢答装置各部分的功能及工作原理。

6. 分析实验中出现的故障及解决办法。

附录　集成电路管脚排列及各脚功能

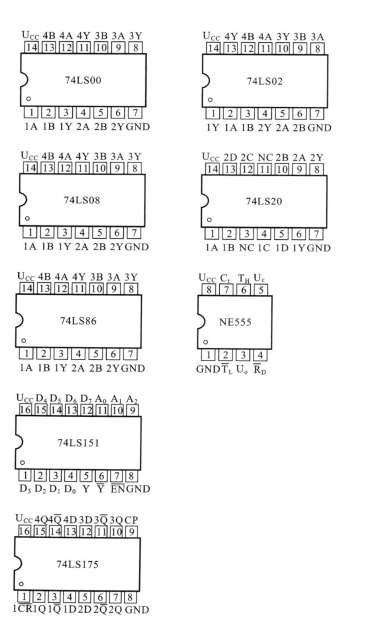

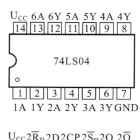

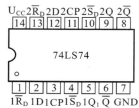

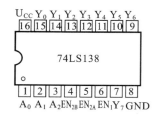

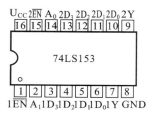

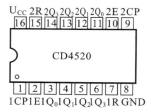

第六部分

电子产品组装实习

电子产品组装实习

一、实习目的

通过对一台正规产品收音机的安装、焊接、调试，了解电子产品的装配全过程，训练动手能力，掌握元器件的识别、简易测试及整机调试工艺。

1. 学习焊接电路板的有关知识，熟练焊接的具体操作。

2. 看懂收音机的原理电路图，了解收音机的基本原理，学会动手组装和焊接收音机。学会调试收音机，能够清晰地收到电台。

二、实习内容

1. 分析收音机电路原理。

2. 掌握印制电路板的组装及焊接工艺。

3. 进行 AM 中频和统调覆盖的调试与整机测试，故障判断并排除。

三、实习基本要求

1. 读懂原理图并能讲述整机的工作原理。

2. 对照原理图能看懂装配接线图。

3. 根据技术指标会测试元器件的主要参数。

4. 独立完成各测试点的测量与整机安装，熟练掌握万用表的使用。

5. 能排除在装配与调试过程中出现的问题与故障。

6. 熟练掌握焊接技术，不出现因焊接而出现的故障。

四、操作技巧及注意事项

焊接是安装电路的基础，我们必须重视焊接的技巧和注意事项。

1. 焊之前应该先检查电源是否正常，再插上电烙铁的插头，给电烙铁加热。

2. 接时，焊锡与电路板、电烙铁与电路板的夹角最好成 45°，这样焊锡与电烙铁的夹角成 90°。

3. 接时，线路板与电烙铁接触时间不要太长，以免烫坏铜箔；也不要过短，以免造成虚焊。焊锡量要适当，过多会粘连导致短路；过少则不牢固。

4. 同类的元件高度应一致，元件的腿尽量要直，而且不要伸出太长，以 1 mm 为好，多余的可以剪掉。

5. 焊完时，焊锡最好呈圆滑的圆锥状，而且还要有金属光泽。

6. 整个组装焊接过程都要注意安全,防止触电及烫伤。

五、实习器材

万用表、电烙铁、松香、焊锡丝、尖嘴钳、斜口钳、镊子、空心针、吸锡烙铁、无感起子等工具材料。

HX118-2 型七管超外差式调幅收音机散件一套。

六、实习内容与原理

1. 收音机框图及原理图

收音机框图如图 6-1 所示。

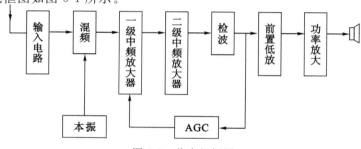

图 6-1 收音机框图

收音机的工作原理如下:

当调幅信号感应到天线初级线圈与 C_1 组成的天线串联调谐电路时,若外界信号载波频率与其振荡固有频率 f_0 一致时,便产生共振。根据串联谐振的特点,谐振时,每个元件上的电压是信号电压的 Q 倍,而其他频率的信号由于未与电路发生谐振,天线线圈上的感应电压极小,便无这些信号的电压。而频率 $f_0 = f_外$ 的电台信号感应出很强的信号电压。该电压通过高频变压器 B_1 的耦合,送到变频管 T_1 的基极,此时,就选出所需的电台信号,完成了选台任务。

另一方面,电容 C_{1B}、振荡线圈 B_2、三极管 T_1 等元件组成本机振荡电路,产生一个比外来信号 $f_外$ 高出一个固定中频 465 kHz 的等幅正弦振荡信号 $f_{本振}$(超外差的由来),该信号经 C_3 送入 T_1 的发射极。此时,便有两个频率的信号加在了三极管 T_1 的发射结上,两种频率便在三极管的发射结中进行混频,由于 PN 结的非线性,产生出很多频率成分,其中就有 $f_{本振} - f_外 = 465$ kHz 的中频信号,该信号也含有声音信息,通过由 B_3 及其内附电容组成的并联选频网络选出 465 kHz 中频信号,并经中频变压器 B_3 耦合到由 T_2、T_3 等元件组成的二级中频放大器。至此便完成了频率变换任务。

465 kHz信号进入中频放大器后进行中频放大,并经适当整形、自动增益控制后,进入 T_4 检波管,检出音频信号经由 C_8、R_9、C_9 组成的 π 形滤波器滤波,再送入音量电位器 W 进行适当电位选择后,经隔直耦合电容 C_{10} 送至 T_5 进行低频放大,再由 T_6、T_7 组成的功率放大器进行功率放大后,推动扬声器发声。

收音机的原理图如图 6-2 所示。

七、实习操作过程

1. 组装前准备

(1)按照实验室所提供的实验电路图,检查实验室所提供元件的种类、型号和数量是否正确。

(2)检查元件的好坏。

① 检查电阻器。首先根据被测电阻值选择万用表合适的量程进行测试。若用万用表测出的电阻值接近标称值,就可认为电阻器的质量是好的;若测得的电阻值与标称值相差很大,说明电阻变值;如果把选择开关拨到 $R\times 10$ k 挡,指针仍不动,说明电阻阻值极大或内部可能断路;如果测电阻时轻轻摇动引线,万用表指针摇晃不稳定,说明电阻引线接触不良。以上情况均为损坏。

② 检查电位器。一般不带开关的电位器有三个焊线端,设这三端依次为 1、2、3 端。用万用表测量 1、3 端的电阻,测得的电阻值应与这个电位器所标阻值基本相符。如果表针不动,说明电位器有断路。

再测 1、2 端的电阻。将电位器逆时针方向旋到底,这时电阻值应接近于零。然后顺时针慢慢旋动电位器,电阻值应逐渐增大。轴柄旋到底时,阻值应接近电位器的标称值。

在慢慢旋动的过程中,电表指针应平稳移动,如有跌落、跳动现象,说明滑动触点接触不良。使用这种电位器的收音机会出现杂音,特别在调节音量时更为显著,在受震动时收音机也会出现"喀喀"的杂音。

带开关的电位器还有两个焊线端,这两端之间为电源开关。检查开关的好坏时,可将红黑表笔接触这两端,然后来回旋转开关,表针相应指示通、断。

③ 检查电容器。用万用表电阻挡可大致鉴别 5 000 pF 以上电容器的好坏。检查时选电阻挡最高量程,两表笔分别碰电容器两端,这时指针极快地摆动一下,然后复原。再把两表笔对调接此电容两端,指针又极快地摆动一下,摆动的幅度比第一次大,然后又复原,这样的电容是好的。

指针摆动越厉害,指针复原的时间越长,其电容量越大。

用万用表的电阻挡可以检查可变电容器的好坏,主要是检查其动片和定片是否有短路。方法是:用万用表的表笔分别接可变电容器的定片和动片,同时旋动可变电容的转柄,若表针不动,说明动、定片无短路。

④ 检查变压器。分别检查初、次级直流电阻,若测出电阻值为无穷大,说明断路。若测出的阻值为 0,说明线圈短路。

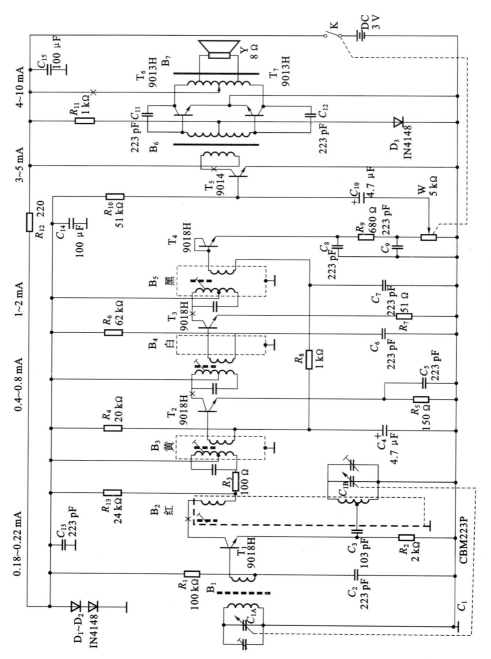

图6-2 收音机的原理图

⑤ 检查喇叭。万用表拨在 $R \times 1$ 挡,用两表笔碰触喇叭线圈两端,喇叭若发出"喀喀"声,同时指针向右偏转,说明此喇叭基本上是好的。

⑥ 检查二极管和三极管。用万用表测二极管和三极管的极性及好坏。

(3) 准备万用表、电烙铁、松香、焊锡丝、尖嘴钳、斜口钳、镊子、空心针、吸锡烙铁、无感起子等工具,将新电烙铁头斜面的保护层用砂纸磨去,上锡备用。

电烙铁的使用:

① 电烙铁是焊接的主要工具之一,焊接收音机应选用 $20 \sim 35$ W 电烙铁。新电烙铁使用前应将电烙铁头上的保护层去掉,然后通电加热,蘸一点松香,待松香沸腾时给其上锡,使电烙铁头上粘附一层光亮的锡,这样,电烙铁就可以使用了。

② 电烙铁的温度和焊接时间要适当。焊接时应让电烙铁头加热到温度高于焊锡熔点,并掌握正确的焊接时间,一般不超过 3 s。时间过长会使印刷电路板铜箔翘起,损坏电路板及电子元件。

③ 焊接方法:采用直径 $1.2 \sim 1.5$ mm 的焊锡丝。左手拿焊锡丝,右手拿电烙铁,在电烙铁接触焊点的同时送上焊锡,焊锡的量要适当。太多会短路,太少则不牢固。

④ 焊接中避免出现假焊、漏焊、错焊、脱焊、虚焊等。

2. 组装

先装外壳等部件,再根据原理图,按从后到前的顺序组装。每组装一级测试一级,待该级正常时,将测试点用锡短接。若本级不正常,则不能往前组装,应对本级查明原因,排除故障后方可继续组装。直至组装完毕。收音机组装完成时,接通电源,测量整机电流不超过 20 mA,可开机试听。一般情况下,将音量电位器调大,可立即听到声音或收到电台。

3. 故障检查与排除

在收音机组装中,正确的测试方法很重要,它是机器组装成功的保证,因此,必须学会收音机的测试与故障排除。

为了表明电路的工作情况,在原理图上,给出了机器正常工作时各级电流的参考值,它是一个范围,因元件的离散性及电池电量的不同而不同,但一般情况,电流值不会超出此范围。为了便于测量电流,生产厂家在制板时都留下了各级电流的测试点,我们只需在测试点上接入电流表(万用表的电流挡)即可,要注意电流的极性与方向。

在测量时,如发现电流不在规定范围之内,则不能继续往前组装,要对组装的该级电路进行仔细检查,如元件有无用错,有无漏焊,三极管的极性是否正确等,直至排除故障方可继续组装。这样有助于加强对万用表使用的训练,对技术的提高很有帮助。

4. 收音机的调试

收音机组装完成听到电台声后,并不意味着组装成功了。一台好的收音机,有很高的技术指标,如灵敏度、选择性等。刚焊接成功的收音机大多数达不到商品机的水平,这是因为还有一个很重要的环节没做,那就是调试。

(1)调试的内容与原理。

① 中频的调整。收音机中频的调整是指调整收音机的中频放大电路中的中频变压器(简称"中周"),使各中频变压器组成的调谐放大器都谐振在规定的 465 kHz 的中频频率上。从而使收音机达到最高的灵敏度和最好的选择性。因此中频调得好不好,对收音机的影响是很大的。

新的中频变压器在出厂时都经过调整。但是,当这些中频变压器被安装在收音机上以后,还是需要重新调整的。这是由于它所并联的谐振电容的容量总存在误差,并且安装后存在布线电容,这些都会使新的中频变压器失谐。另外,一些使用已久的收音机,其中频变压器的磁芯也会老化,元件也有可能变质。这些也会使原来调整好的中频变压器失谐。所以,仔细调整中频变压器是装配新收音机和维修旧收音机时不可缺少的一项工作。

一般超外差式收音机使用的都是通用的调感式中频变压器。中频的调整主要是调节中频变压器的磁帽的相对位置,以改变中频变压器的电感量,从而使中频变压器组成的振荡回路谐振在 465 kHz 上。

② 校准频率刻度。收音机的中波段通常规定在 535～1 605 kHz 的范围内。它是通过调节双联可变电容器,使电容器从最大容量变到最小容量来实现这种连续调谐的。校准频率刻度的目的,就是通过调整收音机的本机振荡的频率,使收音机在整个波段内收听电台时都能正常工作,而且收音机指针所指出的频率刻度与接收到的电台频率相对应。

通常情况下,将整个频率范围内 800 kHz 以下称为低端,将 1 200 kHz 以上称为高端,而将 800～1 200 kHz 之间称为中间。正常的收音机,当双联电容器从最大容量旋到最小容量时,频率刻度指针恰好从 525 kHz 移到 1 605 kHz 的位置,收音机也应该能接收到 535～1 605 kHz 范围内的电台信号。在这种情况下,称这台收音机的频率范围和频率刻度是准确的。但是,没有调整过的新装收音机或者已经调乱了的收音机,其频率范围和频率刻度往往是不准的,不是偏高就是偏低。例如,一个收音机所能接收到的信号频率不是从 535～1 605 kHz,而是从 500～1 500 kHz,就称它的频率范围偏低。如果收音机所能接收到的信号频率是从 700 kHz～2.1 MHz,就称它的频率范围偏高。如果接收到的信号从 535～1 500 kHz,就称它的高端频率范围不足。如果接收到的频率从 600～1 605 kHz,就称它的低端频率范围不足。对于这些收音机,必须校准频率刻度,才能达到应有的性能指标。

在超外差式收音机中,决定接收频率或决定频率刻度的是本机振荡频率与中频频率的差值,而不是输入回路的频率。当中频变压器调准也就是中频频率调准以后,校准收音机的频率刻度的任务实际上只需要通过调整本机振荡器的频率即可完成。

具体是在振荡信号频率范围的低端进行调整。我们知道,在本机振荡电路里,改变振荡线圈的电感量即改变振荡线圈的磁芯,可以较为显著地改变低端的振荡频率。改变与 C_{1A} 并联的补偿电容,可以较为显著地改变高端的振荡频率。因此,校准频率刻度的基本原则是"低端调电感,高端调电容"。如果将最高端和最低端调准了,中间频率点一般就是准确的。

③ 统调跟踪。收音机的统调跟踪主要是调整超外差式收音机的输入电路和振荡电路之间的配合关系,使收音机在整个波段内都能正常收听电台广播,同时使整机灵敏度及选择性都达到最好的程度。

在此给出两点统调的原理图(见图 6-3):

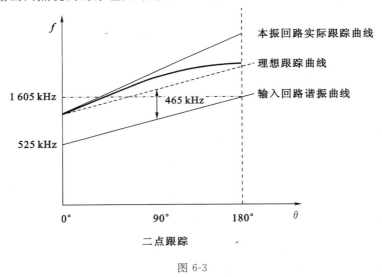

图 6-3

(2) 调试的方法。

① 调整中频频率:套件中提供的中周,出厂时已调整在 465 kHz 左右,因此调整工作较简单。打开收音机,随便在高端选一个电台,按 B_5、B_4、B_3 的顺序调整,调到声音响亮为止。由于 AGC 的作用,且声音很响时人耳对音响的变化不易分辨的缘故,因此,收听本地电台当声音已调到很响时,往往不易调精确,这时可以改收外地的弱台或者移动天线方向及减小信号,再调到声音最响为止。按上述方法从后向前反复细调两三遍至最佳即可。

② 调整频率范围(对刻度):

调低端:在 550～700 kHz 范围内选一个电台。如中央人民广播电台(640 kHz),参考调谐盘指针指在 640 kHz 的位置,调整振荡线圈 B_2(红色)的磁芯,使收到这个电台,并调至声音较大。这样,双联全部旋进容量最大时的接收频率在 525～530 kHz 附近,低端刻度就对准了。

　　调高端：在 1 400～1 600 kHz范围内选一个已知频率的广播电台，如1 500 kHz，再将参考调谐盘指针指在1 500 kHz的位置，调节振荡回路中双联顶部左上角的微调电容，使这个电台在该位置出现声音最响，高端位置就对准了。

　　以上过程反复调两三次，频率刻度才能调准确。

　　③ 统调：利用最低端收到的电台，调整天线线圈在磁棒上的位置，使声音最响，以达到低端统调；利用最高端收到的电台，调节天线输入回路中的微调电容，使声音最响，以达到高端统调。

　　（3）检验。收音机调试是否成功，可用简单方法测试：用手捂天线线圈，如声音发生变化，则没调好，应重新进行调整；若声音不变或无影响，则说明已调好。

第七部分

PLC 实 验

实验一　基本指令的编程练习

与、或、非逻辑功能实验

在基本指令的编程联系实验区完成本实验,如图 7-1 所示。

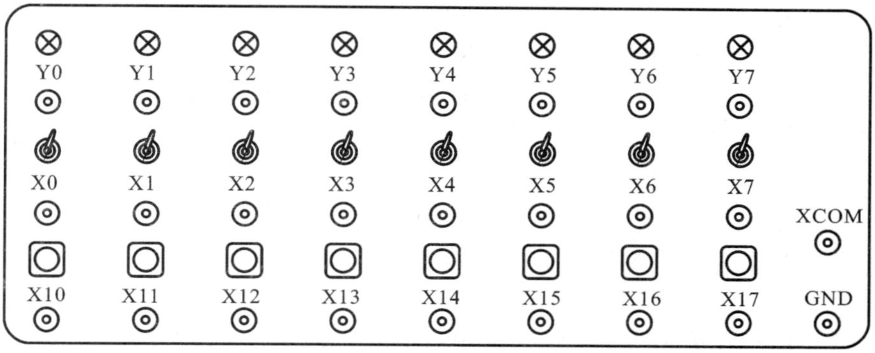

图 7-1　基本指令编程练习

一、实验目的

1. 熟悉实验装置。
2. 熟悉系统操作。
3. 掌握与、或、非逻辑功能的编程方法。

二、实验原理

模拟与、或、非、与非、或非、异或逻辑。

三、装置介绍

实验装置如图 7-1 所示。

四、实验内容与步骤

梯形图中的 X006、X007 分别对应控制实验单元输入开关 X6、X7。通过专用电缆连接计算机与 PLC 主机。在计算机上编写程序,检查无误后,将程序下载到 PLC 中,将可编程控制器主机上的 STOP/RUN 按钮拨到 RUN/位置,运行指示灯点亮,表明程序开始运行,有关的指示灯将显示运行结果。

拨动输入开关 X6、X7,观察输出指示灯 Y0、Y1、Y2、Y3、Y4、Y5 是否符合与、或、非逻辑的正确结果。

实验参考程序如下:

步序	指令	器件号	说明
0	LD	X006	输入
1	AND	X007	
2	OUT	Y000	与门输出
3	LD	X006	
4	OR	X007	
5	OUT	Y001	或门输出
6	LDI	X006	
7	OUT	Y002	非门输出
8	LD	X006	
9	AND	X007	
10	OUT	M0	
11	LDI	M0	
12	OUT	Y003	与非门输出
13	LD	X006	
14	OR	X007	
15	OUT	M1	
16	LDI	M1	
17	OUT	Y004	或非门输出
18	LD	X006	
19	ANI	X007	
20	LDI	X006	
21	AND	X007	
22	ORB		
23	OUT	Y005	异或门输出
24	END		程序结束

定时器/计数器功能实验

在基本指令的编程练习实验区完成本实验。

一、实验目的

掌握定时器、计数器的正确编程方法,并学会定时器和计数器扩展的方法。

二、实验内容

1. 定时器的认识实验

定时器的控制逻辑是经过时间继电器的延时动作,然后产生控制作用。其控制作用同一般继电器。

试编写控制程序,由 X001 输入信号,驱动定时器 T0 延时 5 s 后 Y000 信号输出。

实验参考程序如下:

步序	指令	器件号	说明
0	LD	X001	输入
1	OUT	T0	延时 5 s
2		K50	
3	LD	T0	
4	OUT	Y000	延时时间到,输出
5	END		程序结束

2. 定时器扩展实验

由于 PLC 的定时器和计数器都有一定的定时范围和计数范围。如果需要的设定值超过机器范围,我们可以通过几个定时器和计数器的串联组合来扩充设定值的范围。

试编写控制程序,要求由 X001 输入信号,驱动定时器 T0 延时 5 s 后 Y000 信号输出,同时驱动定时器 T1 延时 3 s,由 Y001 输出信号。

实验参考程序如下:

步序	指令	器件号	说明
0	LD	X001	输入
1	OUT	T0	延时 5 s
		K50	
4	LD	T0	
5	OUT	T1	延时 3 s
		K30	
8	OUT	Y000	
9	LD	T1	
10	OUT	Y001	输出

| 11 | END | | 程序结束 |

3. 计数器认识实验

计数器的控制逻辑是当接收信号脉冲数达到预设值动作,然后产生控制作用。其控制作用与一般继电器相同。

试编写程序,当 X010 输入信号 1 次,接通计数器 C0 并计数 1 次,计数 5 次输出 Y002,X000 为复位键,复位计数器 C0。

实验参考程序如下:

步序	指令	器件号	说明
0	LD	X010	启动信号
1	OUT	C0	
		K5	计数 5 次
4	LD	C0	
5	OUT	Y002	输出
6	LD	X000	计数器复位
7	RST	C0	
9	END		程序结束

4. 计数器的扩展实验

计数器的扩展与定时器扩展的方法类似。

试编写程序,当 X010 输入信号 1 次,接通计数器 C0 并计数 1 次,计数 5 次接通计数器 C1 并计数 1 次,计数 3 次输出 Y002。X000 为复位键,复位计数器 C0 和 C1。

实验参考程序如下:

步序	指令	器件号	说明
0	LD	X010	启动信号
1	OUT	T0	
2	OUT	C0	计数 5 次
		K5	
4	LD	C0	
5	OUT	C1	
		K3	计数 3 次
7	RST	C0	计数器 C0 重新计数
8	LD	C1	
9	OUT	Y002	输出
10	LD	X000	复位信号
11	RST	C0	计数器 C0 复位
13	RST	C1	计数器 C1 复位

| 15 | END | 程序结束 |

实验二　水塔水位控制

在水塔水位控制实验区完成本实验,如图 7-2 所示。

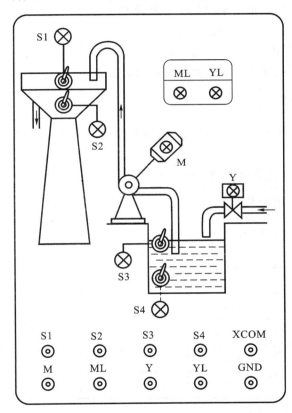

图 7-2　水塔水位控制

一、实验目的

1. 通过对工程实例的模拟,熟练地掌握 PLC 的编程和程序调试的方法。

2. 学习简单 PLC 控制程序的编制。

3. 熟悉置位、复位指令。

二、实验原理

当水池水位低于水池低水位界(S4 为 OFF),阀门 Y 打开进水(Y 为 ON);水池水位到达水池高水位界(S3 为 ON),阀门 Y 关闭(Y 为 OFF)。指示灯 YL 指示阀门 Y 的工作状况,若阀门 Y 打开后,水池低水位传感器 3 s 没有检测到水位上升可认为阀门 Y 故障,指示灯 YL 闪烁报警。

当 S4 为 ON 时,且水塔水位低于水塔低水位界时(S2 为 OFF),电动机 M 运转抽水;当水塔水位高于水塔高水位界时(S1 为 ON),电动机 M 停止。指示灯 ML 指示电动机 M 的工作状况,若电动机 M 运转后,水塔水位传感器 5 s 内没有检测到水位上升可认为电动机 M 故障,指示灯 ML 闪烁报警。

三、装置介绍

S1、S2、S3、S4 分别为水池和水塔高、低水界开关,模拟真实水塔系统的液位传感器。

M 为电动机,Y 为水池阀门。ML、YL 分别为电动机、阀门运转指示灯。

四、输入／输出分配

(1) 输入如表 7-1 所示。

表 7-1

序　号	名　　称	面板符号	输入点
1	水塔高水位界	S1	X000
2	水塔低水位界	S2	X001
3	水池高水位界	S3	X002
4	水池低水位界	S4	X003

(2) 输出如表 7-2 所示。

表 7-2

序　号	名　　称	面板符号	输出点
1	电动机	M	Y000
2	电动机工作指示	ML	Y001
3	阀门	Y	Y002
4	阀门工作指示	YL	Y003

五、实验内容与步骤

1. 按照输入和输出两个配置表,将 PLC 的输入输出与相应的面板符号的插孔用连接线连好。

2. 按照输入输出配置,参照参考程序,编写实验程序。

3. 将编写的程序下载到 PLC,运行程序。

4. 模拟动作实验板上的按钮和开关,验证所编程序的逻辑。

实验参考程序如下:

步序	指令	器件号
0	LDI	X003
1	SET	Y002
2	LD	Y002
3	ANI	X003
4	OUT	T0
		K30
7	LD	T0
8	ANI	T2
9	OUT	T1
		K5
12	LD	T1
13	OUT	T2
		K5
16	LD	Y002
17	ANI	T0
18	OR	T1
19	OUT	Y003
20	LD	X002
21	RST	Y002
22	LDI	X001
23	SET	Y000
24	LD	Y000
25	ANI	X001
26	OUT	T10
		K50
29	LD	T10

30	ANI	T12
31	OUT	T11
		K5
34	LD	T11
35	OUT	T12
		K5
38	LD	Y000
39	ANI	T10
40	OR	T11
41	OUT	Y001
42	LD	X000
43	RST	Y000
44	END	

实验三　天塔之光

在天塔之光实验区完成本实验,如图 7-3 所示。

一、实验目的

1. 通过对工程实例的模拟,熟练地掌握 PLC 的编程和程序调试的方法。
2. 进一步熟悉 PLC 的 I/O 连接。
3. 学会控制较多的对象。

二、实验原理

本实验模拟霓虹灯。按下启动按钮后,要求按以下规律显示:L1→L1、L2、L3、L4、L5→L1、L2、L3、L4、L5、L6、L7、L8、L9→同时闪烁 3 s→L1、L2、L3、L4、L5→L1……如此循环,周而复始。

三、装置介绍

SD、ST 分别为启动、停止按钮;L1、L2、L3、L4、L5、L6、L7、L8、L9 分别模拟显示天塔的各个灯。

四、输入/输出分配

(1) 输入如表 7-3 所示。

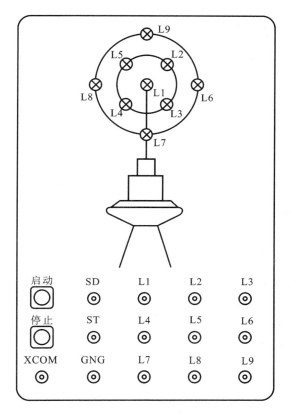

图 7-3 天塔之光

表 7-3

序 号	名 称	面板符号	输入点
1	启动	SD	X000
2	停止	ST	X001

（2）输出如表 7-4 所示。

表 7-4

序 号	名 称	面板符号	输出点
1	灯 1	L1	Y000
2	灯 2	L2	Y001
3	灯 3	L3	Y002
4	灯 4	L4	Y003

续表 7-4

序 号	名 称	面板符号	输出点
5	灯 5	L5	Y004
6	灯 6	L6	Y005
7	灯 7	L7	Y006
8	灯 8	L8	Y007
9	灯 9	L9	Y008

五、实验内容与步骤

1. 按照输入和输出两个配置表,将 PLC 的输入输出与相应的面板符号的插孔用连接线连好。

2. 按照输入输出配置,参照参考程序,编写实验程序。

3. 将编写的程序下载到 PLC,运行程序。

4. 模拟动作实验板上的按钮和开关,验证所编程序的逻辑。

实验参考程序如下:

步序	指令	器件号	说明
0	LD	X001	停止
1	ZRST	M1	
		M4	
6	LD	X000	
7	SET	M1	逐次亮状态
8	LD	M1	
9	OUT	T3	
		K10	
12	LD	T3	
13	OUT	M10	内圈亮
14	OUT	T0	
		K10	
17	LD	T0	
18	AND	M1	
19	OUT	M11	中圈亮
20	OUT	T1	
		K10	

23	LD	T1	
24	AND	M1	
25	OUT	M12	外圈亮
26	OUT	T2	
		K10	
29	LD	T2	
30	RST	M1	
31	SET	M2	闪烁状态
32	LD	M2	
33	OUT	T6	
		K30	
36	LD	T6	
37	RST	M2	
38	SET	M3	内中圈亮状态
39	LD	M2	
40	ANI	T4	
41	OUT	T5	
		K5	
44	LD	T5	
45	OUT	T4	
		K5	
48	OUT	M20	内圈亮
49	OUT	M21	中圈亮
50	OUT	M22	外圈亮
51	LD	M3	
52	OUT	M30	内圈亮
53	OUT	M31	中圈亮
54	OUT	T7	
		K10	
57	LD	T7	
58	SET	M4	内圈亮状态
59	RST	M3	
60	LD	M4	
61	OUT	M40	内圈亮
62	OUT	T8	

		K10	
65	LD	T8	
66	RST	M4	
67	SET	M1	逐次亮状态
68	LD	M10	
69	OR	M20	
70	OR	M30	
71	OR	M40	
72	OUT	Y000	内圈灯
73	LD	M11	
74	OR	M21	
75	OR	M31	
76	OUT	Y001	中圈灯
77	OUT	Y002	
78	OUT	Y003	
79	OUT	Y004	
80	LD	M12	
81	OR	M22	
82	OUT	Y005	外圈灯
83	OUT	Y006	
84	OUT	Y007	
85	OUT	Y010	
86	END		程序结束

实验四　十字路口交通灯控制

在十字路口交通灯模拟控制实验区完成本实验,如图 7-4 所示。

一、实验目的

1. 通过对工程实例的模拟,熟练地掌握 PLC 的编程和程序的调试方法。
2. 进一步熟悉 PLC 的 I/O 连接。
3. 熟悉计时指令的应用。

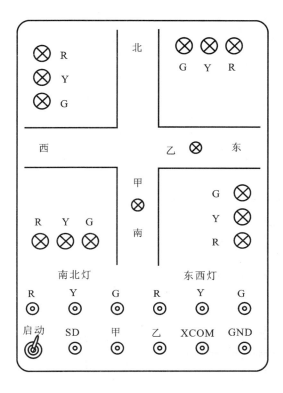

图 7-4　十字路口交通灯控制

二、实验原理

信号灯受一个启动开关控制,当启动开关接通时,信号灯系统开始工作,且先南北红灯亮,东西绿灯亮。

当启动开关断开时,所有信号灯都熄灭。

南北红灯亮维持 25 s,在南北红灯亮的同时东西绿灯也亮,并维持 20 s。到 20 s时,东西绿灯闪亮。闪亮 3 s 后熄灭。在东西绿灯熄灭时,东西黄灯亮,并维持 2 s。到 2 s 时,东西黄灯熄灭,东西红灯亮,同时,南北红灯熄灭,南北绿灯亮。

东西红灯亮维持 30 s。南北绿灯亮维持 25 s,然后闪亮 3 s 后熄灭。同时南北黄灯亮,维持 2 s 后熄灭,这时南北红灯亮,东西绿灯亮。周而复始。

三、装置介绍

SD 为启动开关,除交通灯外,甲乙灯分别用来模拟显示东西,南北向车流状况。

四、输入／输出分配

（1）输入如表 7-5 所示。

表 7-5

序　号	名　　称	面板符号	输入点
1	启动	SD	X000

（2）输出如表 7-6 所示。

表 7-6

序　号	名　　称	面板符号	输出点
1	南北红灯	南北灯 R	Y000
2	南北黄灯	南北灯 Y	Y001
3	南北绿灯	南北灯 G	Y002
4	东西红灯	东西灯 R	Y003
5	东西黄灯	东西灯 Y	Y004
6	东西绿灯	东西灯 G	Y005
7	南北车流	甲	Y006
8	东西车流	乙	Y007

五、实验内容与步骤

1. 按照输入和输出两个配置表，将 PLC 的输入输出与相应的面板符号的插空用连接线连好。

2. 按照输入输出配置，参照参考程序，编写实验程序。

3. 将编写的程序下载到 PLC，运行程序。

4. 模拟动作实验板上的按钮和开关，验证所编程序的逻辑。

实验参考程序如下：

步序	指令	器件号	说明
0	LD	X000	
1	MPS		
2	ANI	T10	
3	OUT	T0	
		K250	

6	MPP		
7	ANI	T0	
8	OUT	Y000	南北红灯工作 25 s
9	LD	T0	
10	OUT	T10	
		K300	
13	OUT	Y003	东西红灯工作 30 s
14	LD	Y000	
15	OUT	T1	
		K200	
18	OUT	T5	延时 1 s
		K10	
21	LD	T5	
22	OUT	Y007	东西向车行驶
23	LD	T1	
24	OUT	T2	东西绿灯闪烁
		K30	
27	LD	T1	
28	ANI	T4	
29	OUT	T3	
		K5	
32	LD	Y000	
33	ANI	T3	
34	ANI	T2	
35	OUT	Y005	东西绿灯工作 20 s
36	LD	T3	
37	OUT	T4	
		K5	
40	LD	T2	
41	OUT	Y004	东西黄灯工作
42	LD	Y003	
43	OUT	T11	
		K250	
46	OUT	T15	延时 1 s
		K10	

49	LD	T15	
50	OUT	Y006	南北向车行驶
51	LD	T11	
52	OUT	T12	南北绿灯闪烁
		K30	
55	LD	T11	
56	ANI	T14	
57	OUT	T13	
		K5	
60	LD	T13	
61	OUT	T14	
		K5	
64	LD	Y003	
65	ANI	T13	
66	ANI	T12	
67	OUT	Y002	南北绿灯工作 25 s
68	LD	T12	
69	OUT	Y001	南北黄灯工作
70	END		程序结束

实验五　装配流水线控制

在装配流水线的模拟控制实验区完成本实验,如图 7-5 所示。

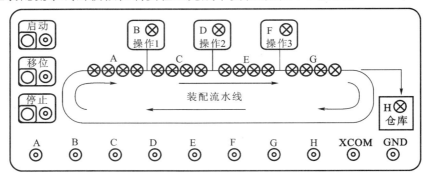

图 7-5　装配流水线控制模拟

一、实验目的

1. 通过对工程实例的模拟,熟练地掌握 PLC 的编程和程序的调试方法。
2. 进一步熟悉 PLC 的 I/O 连接。
3. 熟悉循环移位指令、传送指令的应用。

二、实验原理

传送带共有 3 个工位,工件从 1 号位装入,分别在 B(操作 1)、D(操作 2)、F(操作 3)三个工位完成三种装配操作,经最后一个工位后送入仓库,其他工位均用于传送工件。

三、装置介绍

实验有启动、复位、移位三个输入按钮;B、D、F 分别模拟操作 1、操作 2、操作 3;A、C、E、G 用来模拟传送带;H 为仓库指示灯。

四、输入／输出分配

(1) 输入如表 7-7 所示。

表 7-7

序　号	名　　称	面板符号	输入点
1	启动	启动	X000
2	移位	移位	X001
3	停止	停止	X002

(2) 输出如表 7-8 所示。

表 7-8

序　号	名　　称	面板符号	输出点
1	传送 1	A	Y000
2	操作 1	B	Y001
3	传送 2	C	Y002
4	操作 2	D	Y003
5	传送 3	E	Y004
6	操作 3	F	Y005

续表 7-8

序　号	名　称	面板符号	输出点
7	传送 4	G	Y006
8	仓库	H	Y007

五、实验方法

1. 按照输入和输出两个配置表,将 PLC 的输入输出与相应的面板符号的插孔用连接线连好。

2. 按照输入输出配置,参照参考程序,编写实验程序。

3. 将编写的程序下载到 PLC,运行程序。

4. 模拟动作实验板上的按钮和开关,验证所编程序的逻辑。

实验参考程序如下:

步序	指令	器件号	说明
0	LD	X000	启动
1	MOV	K1	
		D0	
6	LDP	X001	移位
9	ROL	D0	
		K1	
13	LD	D0	
		K256	
18	MOV	K1	
		D0	
23	LD	X000	
24	OR	M0	
25	OUT	M0	
26	LD	M0	
27	MOV	D0	输出
		K2Y000	
32	LD	X001	复位
33	MOV	K0	
		D0	
38	END		

实验六　液体混合装置控制

在液体混合装置的模拟控制实验区完成实验,如图 7-6 所示。

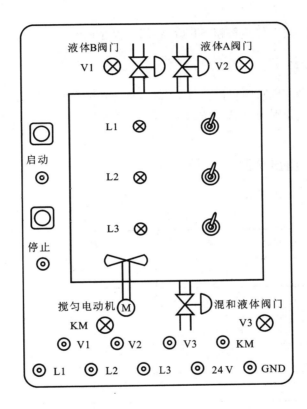

图 7-6

一、实验目的

1. 通过对工程实例的模拟,熟练地掌握 PLC 的编程和程序调试的方法。
2. 熟悉液体混合装置的控制方式及其编程方法。

二、实验原理

本装置为两种液体混合装置,L1、L2、L3 为液面传感器开关,液体 A、B 阀门与混合液阀门由电磁阀 V1、V2、V3 控制,KM 为搅匀电动机,控制要求如下:

1. 初始操作:装置投入运行,液体 A、B 阀门关闭,混合液阀门打开 2 s 将容器排空后关闭。

2. 启动操作:按下启动按钮 SD,液体 A 阀门打开,液体 A 流入容器。当液面到达 L2 时,关闭液体 A 阀门,打开液体 B 阀门。液面到达 L1 时,关闭液体 B 阀门,搅匀电动机工作,6 s 后停止搅动,混合液体阀门打开,开始排出混合液体。当液面下降到 L3 时,L3 由接通变为断开,再过 2 s 后,容器放空,混合液阀门关闭,开始下一周期。

3. 停止操作:按下停止按钮 ST 后,各阀门停止操作。

三、装置介绍

SD、ST 分别为启动、停止按钮;L1、L2、L3 三个开关用来模拟三个位置的液面传感器开关;V1、V2 分别为 A、B 进液电磁阀;V3 为混合液电磁排液电磁阀;KM 为搅匀电动机。

四、输入／输出分配

(1)输入如表 7-9 所示。

表 7-9

序　号	名　称	面板符号	输入点
1	启动	SB1	X000
2	停止	SB2	X001
3	液面开关 1	L1	X002
4	液面开关 2	L2	X003
5	液面开关 2	L3	X004

(2)输出如表 7-10 所示。

表 7-10

序　号	名　称	面板符号	输出点
1	A 进液阀	V1	Y000
2	B 进液阀	V2	Y001
3	混合排液阀	V3	Y002
4	搅匀电动机	KM	Y003

五、实验内容与步骤

1. 按照输入和输出两个配置表,将 PLC 的输入输出与相应的面板符号的插孔用连线连好。

2. 按照输入输出配置,参照参考程序,编写实验程序。

3. 将编写的程序下载到 PLC,运行程序。

4. 模拟动作实验板上的按钮和开关,验证所编程序的逻辑。

实验参考程序如下：

步序	指令	器件号	说明
0	LD	M8002	启动脉冲
1	SET	M0	工作中
2	LD	M0	
3	OUT	T0	定时器 0
		K20	2 s
6	LD	M0	
7	ANI	T0	
8	OR	T1	
9	SET	Y002	打开混合液阀门
10	LD	X000	
11	SET	Y000	A 阀门开
12	LD	X003	
13	RST	Y000	
14	SET	Y003	电动机启动
15	OUT	T1	定时器 1
		K60	6 s
18	LD	Y002	
19	ANI	X004	
20	OUT	T2	定时器 2
		K20	2 s
23	LD	T2	
24	RST	Y002	混合液阀门复位
25	LD	X002	

26	RST	Y001	
27	LD	T1	
28	RST	Y003	
29	LDP	Y003	
31	SET	Y001	A 阀门打开
32	END		程序结束

第八部分

电子线路辅助设计实验

实验一 绘制振荡器和积分器电路原理图

一、实验目的

1. 熟悉电路原理图绘制流程。
2. 熟悉 Protel 99 SE 的原理图设计系统。
3. 掌握简单电路——振荡器和积分器原理图的绘制方法。

二、实验仪器

电脑,Protel 软件。

三、实验课时

4 课时。

四、实验原理

电路原理图是表示电气产品或电路工作原理的技术文件,它由代表各种电子器件的图形符号、线路、节点等元素组成,而原理图的设计主要采用 Protel 99 SE 的原理图编辑器,其特点主要有:

1. 采用专题数据库管理方式,使某一设计项目中的所有设计文档都放在单一数据库中,给设计与管理带来了许多方便。

2. 提供了丰富的原理图元件库,元件库所包含的元件覆盖了众多电子元件厂家生产的庞杂的元件类型,并允许设计者自由地在各库之间移动并且复制元件,以便按照自己的要求合理地组织库的结构,方便设计者对元件库的利用。

3. 提供了强大的元件库查询功能,使设计者可以通过元件的名称或属性查找元件。利用这一功能可使设计者迅速找到所需元件。

4. 具有功能强大的原理图编辑器。它采用标准的 Windows 图形化操作方式进行编辑操作,使得整个编辑过程直观、方便且快捷。设计者既可以实现拖动、剪切、复制、粘贴等普通的编辑功能,也可以在设计对象上双击鼠标左键,在弹出的属性对话框中进行相关属性的编辑修改工作。

5. 电气栅格具有自动连接特性,使原理图的连线工作变得非常容易。当设计者在原理图上连线时,被激活的电气"热点"将引导鼠标光标至以电气栅格为单位的最近的有效连接点上,实现元件间的自动连接。这样设计者就可以在一个较大的范围内完成连线,使得手工绘图变得更加方便。

6. 电气规则检查(ERC)功能可以对原理图设计进行快速检查。原理图可以为印制电路板的制作提供网络表,因此在开始印制电路板布线之前,确保原理图设计的准确无误是一件非常重要的事。电气规则检查可以按用户指定的物理/逻辑特性对原理图进行检验,对于未连接的电源、空的输入管脚、管脚电气特性与实际连接的电气信号特性不符等情形都将被一一标出,以引起设计者的注意,并指引设计者进行适当修改。电气规则检查可以在单张原理图上进行,也可以针对整个设计项目。对于大型复杂的设计进行电气规则检查,可以显著提高系统原理图设计的正确性。

五、实验内容与步骤

1. 实验内容

如图 8-1 所示,绘制振荡器和积分器电路原理图。振荡器和积分器电路所用元件列表,如表 8-1 所示。

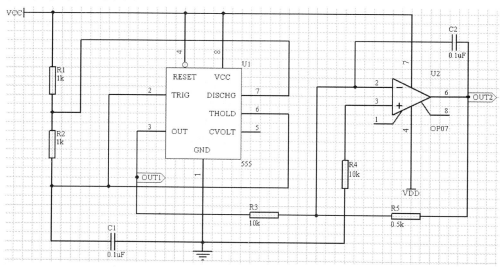

图 8-1 振荡器和积分器电路原理图

表 8-1 振荡器和积分器电路所用元件列表

元件图形标号	元件图形样本名	标示值	元件封装	所属元件库
R1	RES2	1 kΩ	AXIAL0.4	Miscellaneous Devices. lib
R2	RES2	1 kΩ	AXIAL0.4	Miscellaneous Devices. lib
R3	RES2	10 kΩ	AXIAL0.4	Miscellaneous Devices. lib
R4	RES2	10 kΩ	AXIAL0.4	Miscellaneous Devices. lib

续表 8-1

元件图形标号	元件图形样本名	标示值	元件封装	所属元件库
R5	RES2	0.5 kΩ	AXIAL0.4	Miscellaneous Devices. lib
C1	CAP	0.1 μF	RAD0.3	Miscellaneous Devices. lib
C2	CAP	0.1 μF	RAD0.3	Miscellaneous Devices. lib
U1	555	555	DIP8	Sim. ddb\TIMER. lib
U2	OP07	OP07	DIP8	Sim. ddb\OpAmp. lib
VCC		12 V		
VDD		−12 V		
GND				

2. 实验步骤

（1）绘制电路原理图流程如下：

创建新的项目数据库 → 创建新的原理图编辑器文档 → 设置图纸幅面 → 放置元件与布局 → 放置连线标号等 → 调整修改 → 保存图形文档 → 其他操作

（2）操作步骤如下：

① 启动 Protel 99 SE，创建新的项目数据库。双击桌面上的 Protel 99 SE 图标，第一次启动后的 Protel 99 SE 主窗口界面较简单，主要包括标题栏、菜单栏、主工具栏、文档管理器和空白设计窗口。主窗口界面的各组成部分，如图 8-2 所示。

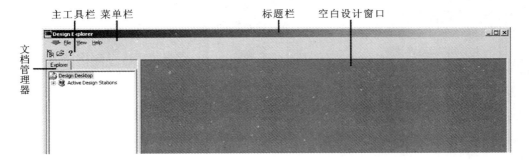

图 8-2

执行菜单命令"File New..."，创建设计数据库，弹出"New Design Database"对话框，如图 8-3 所示。将设计数据库文件名修改为"振荡器和积分器.ddb"（注意：后缀".ddb"不能删除），单击"Browse..."按钮，选择保存路径，修改完成后，单击对话框下方的"OK"按钮,项目数据库创建完成,如图 8-4 所示。

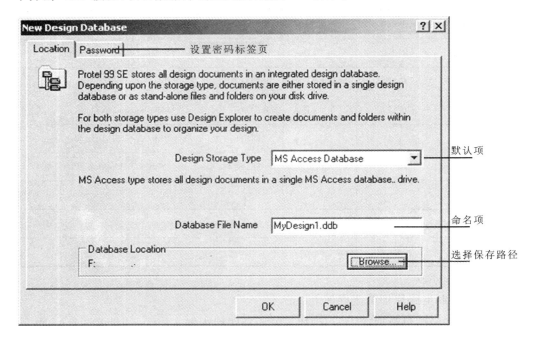

图 8-3

图 8-4

② 创建原理图编辑器文档。单击"Documents"文件夹,执行菜单命令"File New..."，弹出"New Document"对话框,如图 8-5 所示。

其中"Schematic Document"图标为原理图编辑器文档,双击此图标,创建新的原理图编辑器文档,并命名为"振荡器和积分器. Sch"。(注意:后缀".Sch"不能删除)修改完成后双击进入原理图编辑器。如图 8-6 所示。此时的 Protel 99 SE 主窗口界

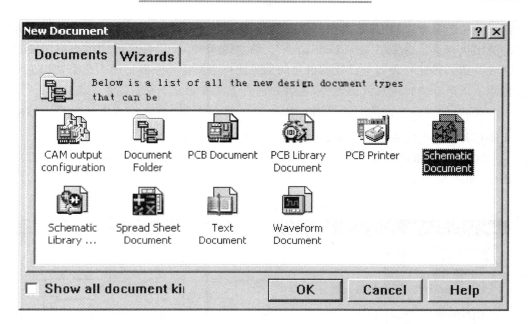

图 8-5

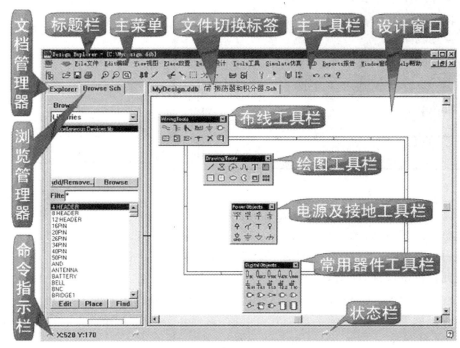

图 8-6

面显得较为复杂,应先熟悉主窗口界面的各组成部分与各工具栏。各工具栏的打开与关闭执行菜单命令"View\Toolbars\"。除主菜单外,上述各部件均可根据需要打开或关闭。设计管理器与设计窗口之间的界线可根据需要左右拖动。几个常用工具栏除了以活动窗口的形式出现外,还可分别置于屏幕的上下左右任意一条边上。

此时,设计窗口内的图纸呈缩小状态,下一步操作前,首先点击主工具栏中的放大图标,直到能看清设计窗口内的图纸上的淡黑色栅格为止。

③ 设置图纸幅面执行菜单命令"Design\Options",弹出"Document Options"对话框,如图 8-7 所示。设置图纸幅面为 A4 。

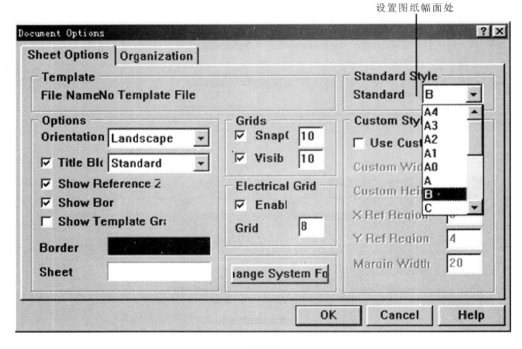

图 8-7

④ 放置元件与布局。首先,添加元件库:单击"Browse Sch"标签页,切换到元件库浏览管理器页面;单击"Add/Remove..."按钮,弹出"Change Library File List"对话框;单击选中所需添加的元件库"Sim";单击对话框下方的"Add"按钮,单击"OK"完成元件库的添加,如图 8-8 所示。

其次,放置元件,修改属性:单击"Wiring tools"工具栏中的 放置元件图标,会出现如图 8-9 所示的"Place Part"对话框,在"Lib Ref"栏内填写元件图形名称,如电阻 RES2,"Designator"栏内填写标号名称,如 R1,"Part Type"栏内填写元件类型,如 1 K,"Footprint"栏内填写元件封装号,如 AXIAL0.4,完成属性修改后,单击

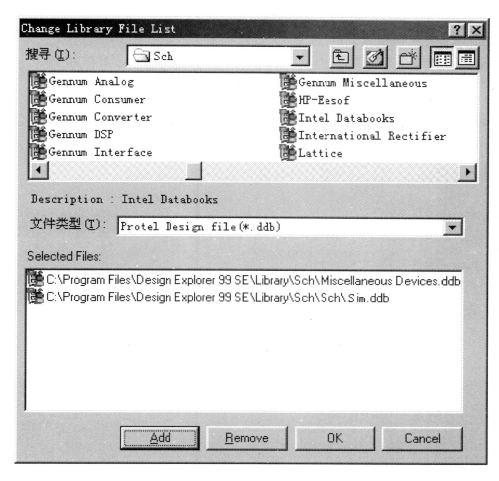

图 8-8

图 8-9

"OK"按钮,元件粘贴在鼠标上,并可以通过按动空格键使得元件逆时针旋转,移动鼠标选中放置位置,单击放置。

最后按照振荡器和积分器原理图分别将各个元器件放置在原理图编辑文档上,并进行布局。

⑤ 放置连线、节点、电源、接地符号、输入输出端口等,并修改属性。按图 8-10 连线工具栏中"Wiring Tools"各图标的用法,对照振荡器和积分器原理图,单击对应图标放置导线 ≋、节点 ⊤、电源 ≣、接地符号、输入输出端口 🔲 等。双击已放置的导线、节点、电源、接地符号、输入输出端口即可修改属性。

——画导线(Wire)

——画总线(Bus)

——画总线进出点(Bus Entry)

——放置网络标号(New Label)

——放置电源(Power Port)

——放置元件(Part...)

——放置电路方框图(Sheet Symbol)

——放置电路方框进出点(Add Sheet Entry)

——放置输入/输出点(Port)

——放置节点(Junction)

——放置忽略ERC测试点(Directives\No ERC)

——放置PCB布线指示(Directives\PCB Layout)

图 8-10

⑥ 调整修改,保存图形文档。绘制过程中熟练掌握各工具栏的应用,主工具栏中常用图标如下:

🔲 为设计管理器的开关,📂 为打开文件,💾 为保存,🔍 🔍 为放大与缩小,🔳 为取消选择,↩ ↪ 为撤销与重做。

熟悉菜单栏的各种菜单命令,如删除。首先执行菜单命令"Edit Delete",此时系统进入"删除"工作状态,鼠标变为十字光标,移动光标到要被删除的元件上,单击左键即可删除元件。

⑦ ERC 电气规则检查。执行菜单命令"Tools\ERC",弹出"Setup Electrical

Rule Check"对话框,点击下方"OK"按钮,系统进入文本编辑器,并自动生成相应的错误结果的报告,存为"＊.ERC文件"。电气规则检查后,系统会在电路原理的错误处放置红色的符号,以提示设计者注意。如果有错误,修改错误后将红色符号删除,再次执行ERC电气规则检查,直到报告中无错误为止。

六、思考题

1. 画图工具栏绘制直线图标⟋与连线工具栏连线图标〰的区别?
2. 执行ERC电气规则检查后,逐条说明错误结果的报告所代表的意义。
3. ERC电气规则检查是否能检查出电路原理图中的设计错误?为什么?

实验二　创建原理图元件

一、实验目的

1. 熟悉元件编辑器的使用方法。
2. 掌握特殊元件的创建方法,并将创建好的元件保存在自定义的元件库中。

二、实验仪器

电脑,Protel软件。

三、实验课时

2课时。

四、实验原理

设计绘制电路原理图时,在放置元件之前,常常需要添加元件所在的库,因为元件一般保存在一些元件库中,这样很方便用户设计使用。尽管Protel 99 SE内置的元件库已经相当完整,但有时用户还是无法从这些元件库中找到自己想要的元件,比如某些很特殊的元件或新开发出来的元件。在这种情况下,就需要自行建立新的元件及元件库。Protel 99 SE为设计者提供了一个功能强大而完整的建立元件的工具程序,即元件库编辑程序(Library Editor)。制作元件和建立元件库是通过Protel 99 SE的元件库编辑器来进行的。当设计者不能从元件库中找到自己所需要的元件,就可以通过元件编辑器创建自己的元件库。

五、实验内容与步骤

1. 实验内容

创建元件 MAX1487E、AT89C2051、LED，存于"Mylib. lib"中。

2. 实验步骤

（1）加载元件库编辑器。在已经创建的设计数据库页面上执行菜单命令"File\New…"，弹出如图 8-11 所示的"New Document"对话框，其中"Schematic Library Document"图标为元件库编辑器文档，双击此图标，即创建新的元件库编辑器文档，命名为" Mylib. lib"。（注意：后缀". lib"不能删除）修改完成后双击进入。

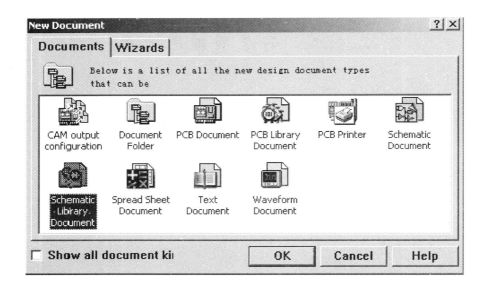

图 8-11

元件库编辑器界面如图 8-12 所示，未标示部分与原理图编辑器相同。

（2）创建元件 MAX1487E，如图 8-13 所示，完成后保存在"Mylib. lib"元件库中。

① 单击绘图工具栏中绘制矩形图标▭，在设计窗口页面上绘制一个水平方向上占 6 个栅格，竖直方向上占 8 个栅格的矩形边框。

② 单击绘图工具栏中绘制引脚图标，按照元件图分别放置 8 个引脚，注意让引脚的圆点端朝外，不带圆点的端与矩形框相接。其中第 7 引脚与矩形框之间需放置一个反相符号，单击 IEEE 工具栏中第一个图标〇放置反相符号。放置了引脚的图形如图 8-14 所示。

③ 分别对每个引脚进行属性修改。例如，双击第 3 引脚，弹出"Pin"对话框，如

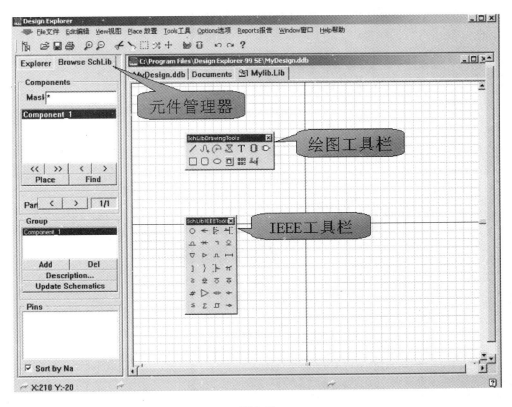

图 8-12

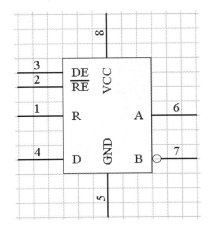

图 8-13

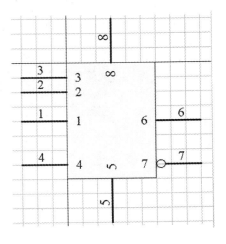

图 8-14

图 8-15 所示,将引脚名"Name"项改为 DE,引脚序号"Number"项改为 3,长度"Pin"项改为 30。

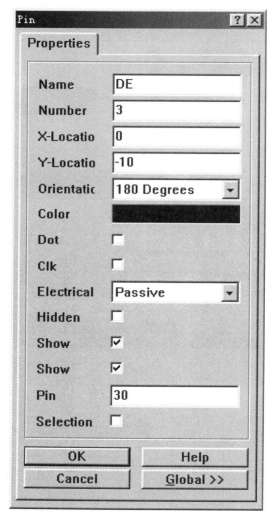

图 8-15

④ 元件绘制完成后,重新命名。执行菜单命令"Tools\ Rename Compo-nent..."弹出如图 8-16 所示的对话框,将框中的"Name"项改为 MAX1487E,单击"OK"完成,点击主工具栏中图标▣,即 MAX1487E 已保存在"Mylib. lib"元件库中。

⑤ 添加了元件 MAX1487E 后的元件库管理器如图 8-17 所示。

⑥ 绘制元件完成后,执行菜单命令"Tools\New Component...",重命名后弹出新的原理图编辑页面,可以绘制下一个元件。

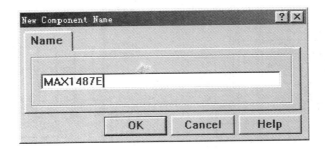

图 8-16

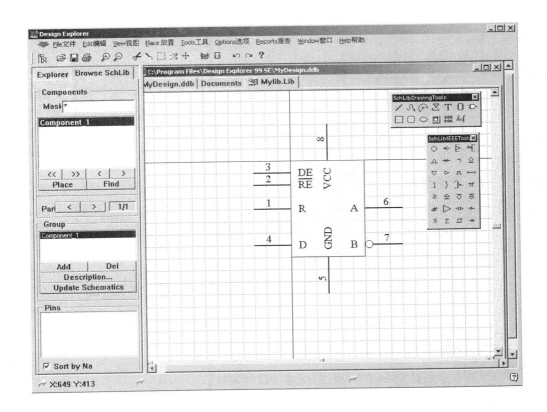

图 8-17

（3）按照以上方法，绘制如图 8-18 所示的元件 AT89C2051、LED，完成后保存在"Mylib. lib"元件库中。

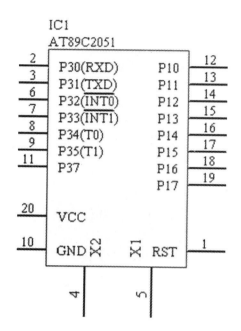
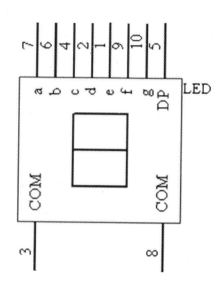

图 8-18

六、思考题

1. 元件库文档允许创建多个新的元件,这些元件能使用一张图样吗?
2. 如何打开绘图工具栏和 IEEE 工具栏?

实验三　绘制数码显示器电路原理图

一、实验目的

1. 进一步掌握 Protel 99 SE 的原理图设计系统。
2. 掌握创建网络表的方法。

二、实验仪器

电脑,Protel 软件。

三、实验课时

4 课时。

四、实验原理

1. 数码显示器元件数据如表 8-2 所示。

表 8-2

元件 图形样本	元件 图形标号	元件 标示值	元件封装	所属元件库
AT89C2051	IC1		DIP20	Mylib. lib（新建元件库）
MAX1487E	IC2		DIP8	Mylib. lib（新建元件库）
74LS49	IC3		DIP12	Mylib. lib（新建元件库）
LED	LED1～LED3		LED（新建）	Mylib. lib（新建元件库）
NPN	T1～T3	9013	TO—39	Miscellaneous Devices. lib
CRYSTAL	XT1	12MHz	XTAL1	Miscellaneous Devices. lib
CAP	C1～C2	30 pF	RAD0.3	Miscellaneous Devices. lib
CAP	C3	10 μF/10 V	RB.3/.6	Miscellaneous Devices. lib
CAP	C4	220 μF/10 V	RB.3/.6	Miscellaneous Devices. lib
RES2	R1～R3	10 kΩ	AXIAL0.4	Miscellaneous Devices. lib
RES2	R4～R6	5 kΩ	AXIAL0.4	Miscellaneous Devices. lib
RES2	R7～R9	1 kΩ	AXIAL0.4	Miscellaneous Devices. lib
RES2	R10～R16	300	AXIAL0.4	Miscellaneous Devices. lib
CON2	J1		SIP2	Miscellaneous Devices. lib
CON6	J2		SIP6	Miscellaneous Devices. lib

2. 数码显示器电路原理图如图 8-19 所示。

3. 网络表是电路原理图和印制电路板图元件连接关系所对应的文本文件。

当电路原理图设计绘制完成后,必须先将其转换为网络表文件,再将该网络表文件转换为印制电路板文件。网络表的内容主要为电路原理图中各元件的数据(流水序号、元件类型与包装信息)以及元件间网络连接的数据。

五、实验内容与步骤

1. 对照数码显示器电路原理图和元件数据表,根据所学知识绘制数码显示器电

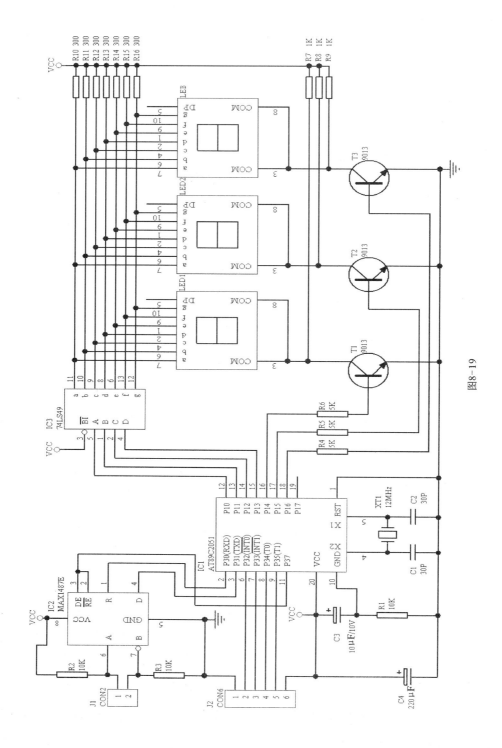

图8-19

路原理图,绘制完成后进行 ERC 电气规则检查。

2. 创建网络表。执行菜单命令"Design\Create Netlist...",弹出"Netlist Creation"对话框,如图 8-20 所示,单击"OK"生成网络表文件。

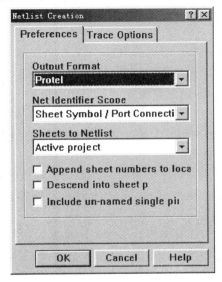

图 8-20

六、思考题

1. 简述绘制电路原理图的流程。

2. 常用原理图设计的工具栏有哪些? 如何打开与关闭?

实验四　设计振荡器和积分器电路的 PCB 板

一、实验目的

1. 熟悉印制电路板的设计流程。

2. 熟悉 Protel 99 SE 的印制电路板设计系统。

3. 掌握简单电路——振荡器和积分器电路 PCB 板的设计方法。

二、实验仪器

电脑,Protel 软件。

三、实验课时

4 课时。

四、实验原理

印制电路板(PCB,Printed Circuit Board)是电子产品中最重要的部件之一。电路原理图完成以后,还必须再根据原理图设计出对应的印制电路板图,最后才能由制板厂家根据用户所设计的印制电路板图制作出印制电路板产品。Protel 99 SE 的印制电路板设计系统有一个功能强大的印制电路板设计编辑器,具有非常专业的交互式元件布局及布线功能,用于 PCB 板的设计并最终产生 PCB 文件,直接关系到印制电路板的生产,其特点主要有:

1. PCB 文件管理的各项操作也采用专题数据库管理方式。

2. 提供了数量庞大的 PCB 元件,丰富的封装元件库使设计者可以从中找到绝大多数所需的封装元件。

3. Protel 99 SE 的 PCB 编辑器与原理图编辑器一样也采用了图形化编辑技术,使印制电路板的编辑工作方便、直观,其内容丰富的菜单、方便快捷的工具栏及快捷键操作,为设计者提供了多种操作手段。图形化的编辑技术使设计者能直接用鼠标拖动元件对象来改变它的位置,双击任一对象就可以编辑它的属性。与原理图编辑器一样,PCB 的设计也支持整体编辑。

4. Protel 99 SE 的手工布线具有交互式连线选择功能,支持布线过程中动态改变走线宽度及过孔参数,同时 Protel 99 SE 的电气栅格可以将线路引导至电气"热点"的中心,方便了设计者对电路板上的对象进行连线。此外,Protel 99 SE 的自动回路删除功能,推线功能简化了布线过程中的重画和删除操作,极大地减轻了设计者的劳动强度,提高了手工布线的工作效率。

5. Protel 99 SE 的自动布线器可实现电路板布线的自动化。设计者只需进行简单的设置,自动布线器就能分析用户的设计并且选择最佳的布线策略,在最短的时间内完成布线工作。

6. Protel 99 SE 的设计规则检查器(DRC)能够按照设计者指定的设计规则对电路板进行设计规则检查,然后系统产生全面的检查报告,指出设计中与设计规则相矛盾的地方。这些地方将在电路板上高亮显示,以引起用户的充分注意。Protel 99 SE 的设计校验功能可使电路板的可靠性得到保证。

五、实验内容与步骤

1. 实验内容

设计振荡器和积分器电路的 PCB 板。

2. 实验步骤

（1）PCB 图设计流程如下：

用 SCH 99 绘制电路原理图 → 创建 PCB 文档 → 规划电路板 → 设置参数 →

装入网络表及元件封装 → 元件的布局 → 布线 → 文档保存及输出

（2）操作步骤如下：

① 用 SCH 99 绘制振荡器和积分器电路原理图，以上内容前面的上机实验已操作。

② 创建 PCB 文档。在已经创建的设计数据库页面上执行菜单命令"File\New..."，弹出如图 8-21 所示的"New Document"对话框，其中"PCB Document"图标为 PCB 文档，双击此图标，创建新的 PCB 文档，并命名为"振荡器和积分器.PCB"。（注意：后缀".PCB"不能删除）修改完成后双击进入 PCB 编辑器界面，如图 8-22 所示。

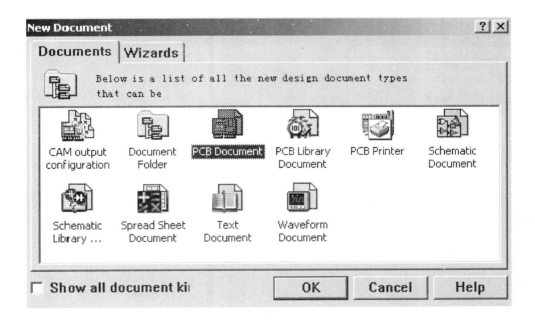

图 8-21

③ 规划电路板。所谓规划电路板，就是根据电路的规模以及公司或制造商的要求，具体确定所需制作电路板的物理外形尺寸和电气边界。电路板规划的原则是在满足公司或制造商的要求的前提下，尽量美观且便于后面的布线工作。

首先执行菜单命令"Design\Options"，弹出"Document Options"对话框，Layers

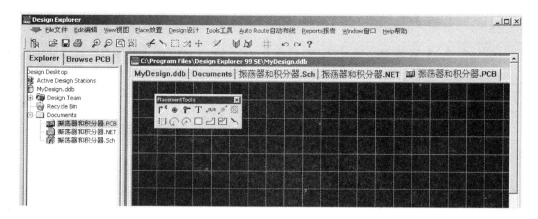

图 8-22

标签页用于工作层的设置,如图 8-23 所示,选中 Visible Grid1。Options 标签页用于栅格、电气栅格及计量单位的设置,如图 8-24 所示,暂不修改。

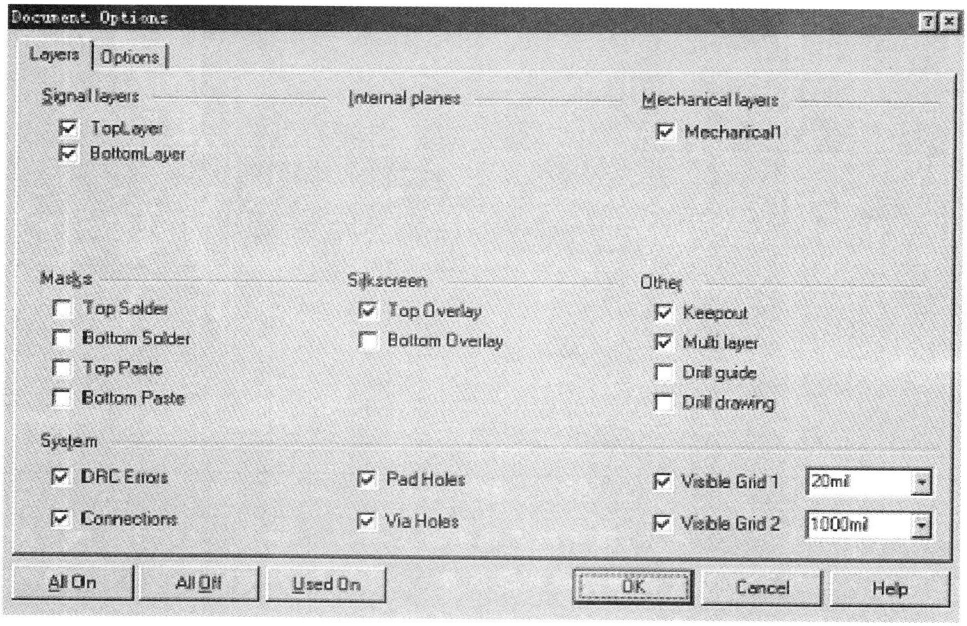

图 8-23

其次,定义电路板形状及尺寸,就是在禁止布线层(KeepOut Layer)上用走线绘制一个封闭的矩形,矩形内部即为布局的区域,如图 8-25 所示。绘制矩形区域的长1 500 mil,宽 1 100 mil。

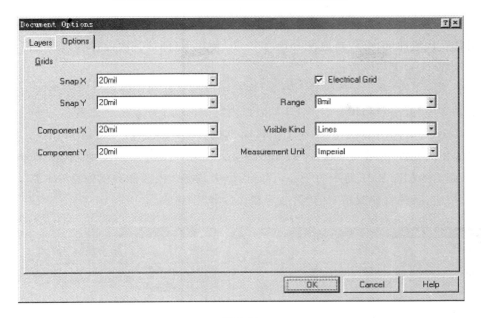

图 8-24

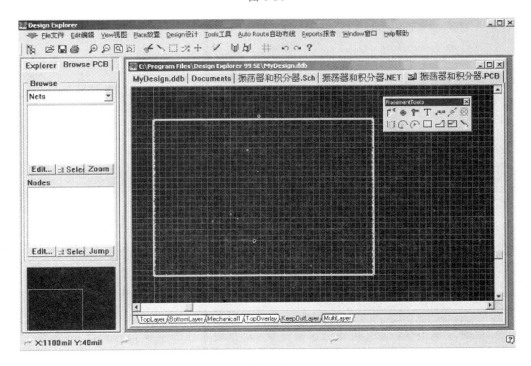

图 8-25

④ 设置参数。主要是指设置元件的布置参数、层数参数、布线参数等。有些参数用其默认值即可,有些参数在 Protel 99 SE 使用后(即第一次设置后),就无需再做修改,本次实验无需修改。

⑤ 装入网络表及元件封装。首先,在绘制完振荡器和积分器电路原理图后创建网络表文件"振荡器和积分器.NET",以上内容前面的上机实验已掌握。

其次,加载网络表。在 PCB 文档页面上执行菜单命令"Design\Netlist...",在弹出的如图 8-26 所示的"Load/Forward Annotate Netlist"对话框中,单击"Browse"按钮,调出的如图 8-27 所示的"Select"对话框中,选中"振荡器和积分器.NET",单击"OK"按钮,系统将加载指定的"振荡器和积分器"网络表。

图 8-26   图 8-27

系统加载"振荡器和积分器"网络表后,将自动进行分析,同时将分析的结果列表于下方的列表框中,如图 8-28 所示。

如果分析结果无错误,则在 Status 项中显示"All macros validated",单击"Execute"按钮,成功加载了网络表。如果分析结果有错误,则在 Error 列表中显示错误信息,此时应单击"Cancel"按钮退出对话框,并回到原理图中检查并修改错误,然后重新加载网络表。成功加载网络表后,如图 8-29 所示。

⑥ 元件布局(手工布局)。元件布局首先应考虑 PCB 尺寸大小,过大过小都会

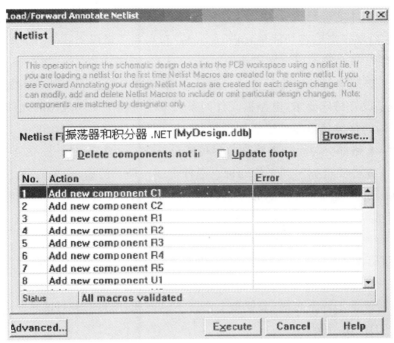

图 8-28

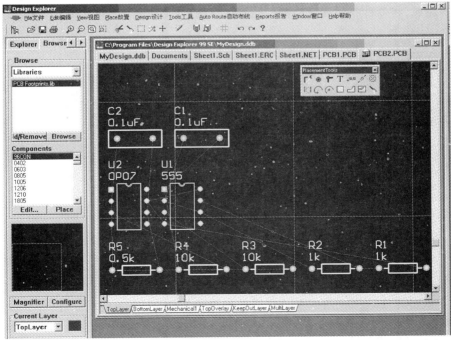

图 8-29

影响功能实现,本实验已设定 PCB 尺寸。其次应注意特殊元件的位置,本次实验暂不考虑。最后要根据电路功能单元进行布局。布局要考虑以下几个方面的问题:

　　a. 元件布局应便于用户操作使用。

　　b. 尽量按照电路的功能布局。一般而言,原理图中的元件是以功能电路为核心安排的,如果没有特殊要求,电路板元件的布局应尽可能按照原理图的元件安排对元件进行布局,这样能使信号流通更加顺畅,减少元件引脚间的连线长度。

　　c. 数字电路部分与模拟电路部分尽可能分开。

　　d. 特殊元件要根据不同元件的特点进行合理布局。例如,高频元件之间的连线应越短越好,这样可减小连线的分布参数和相互之间的电磁干扰。易受干扰的元件之间距离不能太近。发热元件应远离热敏元件。

　　e. 位于电路板边缘的元件,离电路板边缘一般不小于 2 mm。

　　f. 应留出电路板的安装孔和支架孔以及其他有特殊安装要求的元件的安装位置。

　　总之,通过手工调整布局,要使整个电路不但美观,而且有较好的抗干扰性能,同时方便用户的使用与安装。

　　手工布局主要有以下几种操作:元件的选取、移动、旋转、对齐等操作,由鼠标和空格键完成,将器件布局在已绘制的矩形区域内。

　　⑦ 布线(手工布线)。

　　布线应注意的原则:

　　a. 输入输出端导线尽量避免相邻平行。

　　b. 导线最小宽度由导线与绝缘基板间的粘附强度和流过的电流值决定。

　　c. 导线的最小间距由最坏情况下的绝缘电阻和击穿电压决定。

　　d. 导线拐弯一般取圆弧。

　　本次实验手工布线要求:

　　a. 导线不走直角和夹角。

　　b. 单面布线。

　　c. 芯片管脚之间不能布线。

　　⑧ 增加与外电路的连接端(连接端较少时可放置若干个焊盘)。操作步骤如下:

　　a. 在 PCB 板左侧从上到下放置 5 个焊盘。

　　b. 双击焊盘,在弹出的“Pad”对话框中设置属性,为便于连线操作,5 个焊盘都设置为长方形,且锁定,如图 8-30 所示。

　　c. 单击“Advanced”标签页,在“Net”栏设置焊盘所属网络。如图 8-31 所示。对于 VCC、VDD、GND"Electrical Type"栏中设置为"Source",对于 OUT1、OUT2 设置为"Teminator"。

设置完成后,单击"OK"按钮,放着的焊盘就自动与电路的相关网络连接起来,使用手工布线将 5 个焊盘和相关的焊盘或走线连接起来即可。

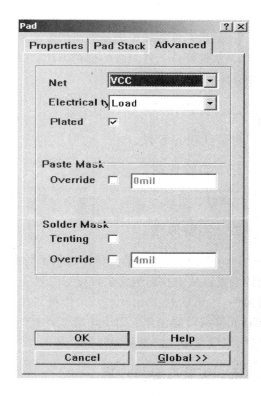

图 8-30   图 8-31

六、思考题

1. 说明 PCB 放置工具栏中各个按钮的功能分别是什么?

2. 如何进行相同元件的整体编辑?

实验五　创建元件封装

一、实验目的

1. 熟悉元件封装编辑器的使用方法。

2. 掌握特殊元件封装的创建方法,并将创建好的元件保存在自定义的元件封装库中。

二、实验仪器

电脑,Protel 软件。

三、实验课时

2 课时。

四、实验原理

Protel 99 SE 的封装元件库提供了数量庞大的 PCB 元件,丰富的封装元件库使设计者可以从中找到绝大多数所需的封装元件,即使不能从封装元件库中找到所需的元件,也可通过 Protel 99 SE 所提供的 PCB 元件编辑器创建新的封装元件库。PCB 元件编辑器包含了用于编辑元件或组织元件库的工具,通过它们,设计者可以创建、组织自定义的封装元件库。

五、实验内容与步骤

1. 实验内容

创建元件封装 LED,保存在"数码显示器.lib"中。

2. 实验步骤

(1) 加载 PCB 元件编辑器。在已创建的设计数据库页面上执行菜单命令"File\New…",弹出如图 8-32 所示的"New Document"对话框,其中"PCB Library Document"图标为 PCB 元件编辑器文档,双击此图标,即创建新的 PCB 元件编辑器,命名为" 数码显示器.lib"。(注意:后缀".lib"不能删除)修改完成后双击进入。

PCB 元件库编辑器界面如图 8-33 所示。

(2) 创建 PCB 元件封装图的常用方法有两种:手工创建和利用向导创建。

首先执行菜单命令"Tools\Library",弹出"Document Options"对话框,"Layers"标签页用于工作层的设置。"Options"标签页可设置格点、电气栅格和计量单位等参数。

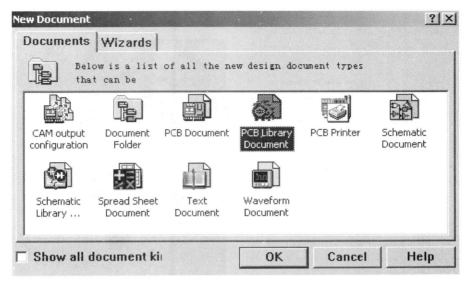

图 8-32

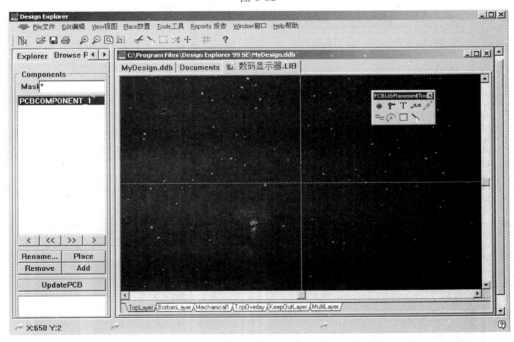

图 8-33

① 手工创建元件封装 LED。首先单击放置工具栏中◉按钮,放置 10 个焊盘,水平
间距 100 mil(毫英寸),竖直间距 600 mil,进行属性设置,序号修改后的全部焊盘如
图 8-34所示。

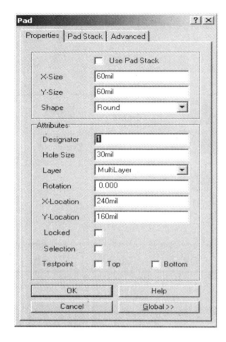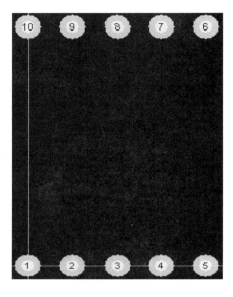

图 8-34

其次,在丝印层 Top Overlay 绘制元件封装外形轮廓,水平长度 480 mil,竖直长度 520 mil,再绘制 7 段线段组成数码显示管图形。元件完整封装如图 8-35 所示。

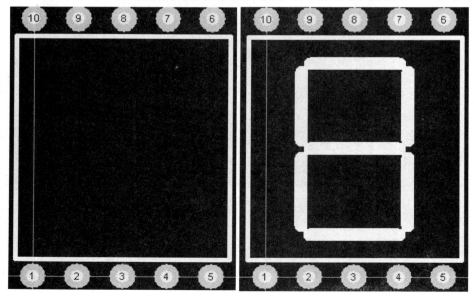

图 8-35

最后,元件封装绘制完毕后,进行重命名,在设计管理器中单击右键,执行"Rename"命令,弹出如图 8-36 所示的元件重命名对话框,在对话框中输入"LED",按下"OK"按钮,即完成对新创元件封装的重命名。

图 8-36

② 使用向导创建元件封装 JDIP12。Protel 99 SE 提供的元件封装创建向导是电子设计领域里的新概念,它允许用户预先定义设计规则,在这些设计规则定义结束后,元件封装库编辑器会自动生成相应的新元件封装。

执行 Tools\New Component 菜单命令,弹出元件封装向导界面,选择元件封装样式对话框,设置焊盘尺寸对话框,设置引脚的位置和尺寸对话框,设置元件的轮廓线对话框,设置元件引脚数量对话框,设置元件封装名称对话框,完成对话框。元件封装创建完成后,单击工具栏保存图标 💾,将新创建的元件封装保存。封装过程如图 8-37~图 8-44 所示。

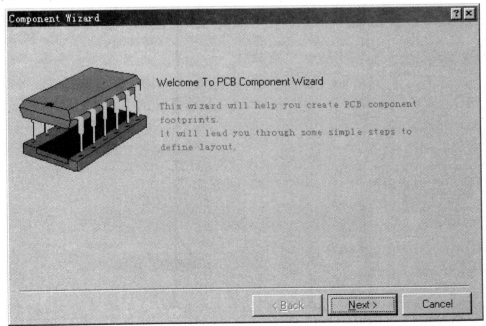

图 8-37 元件封装向导界面

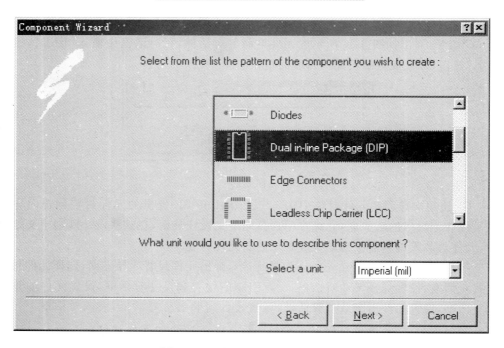

图 8-38　选择元件封装样式对话框

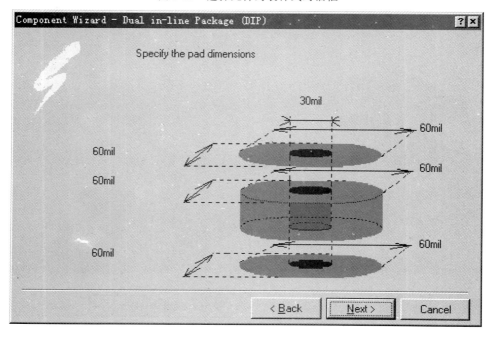

图 8-39　设置焊盘尺寸对话框

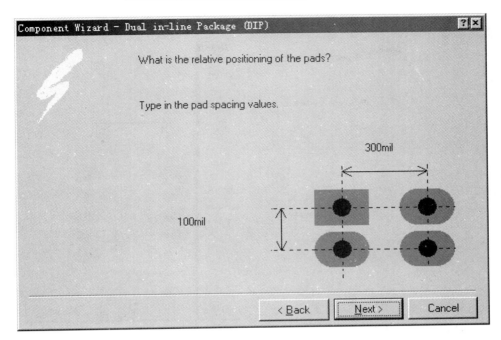

图 8-40　设置引脚的位置和尺寸对话框

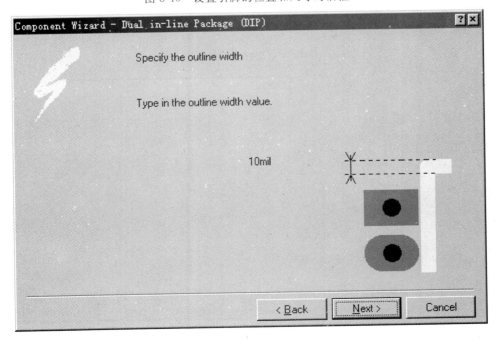

图 8-41　设置元件的轮廓线对话框

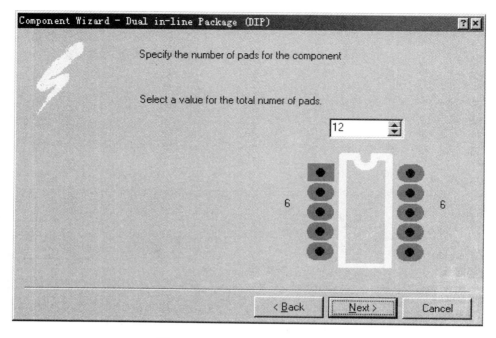

图 8-42 设置元件引脚数量对话框

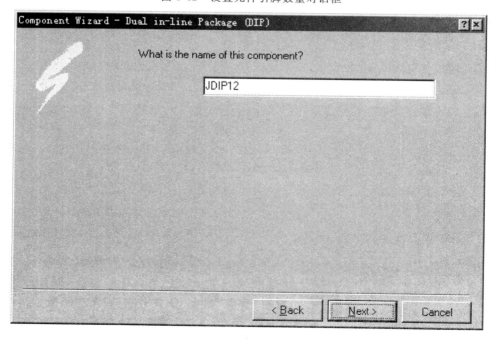

图 8-43 设置元件封装名称对话框

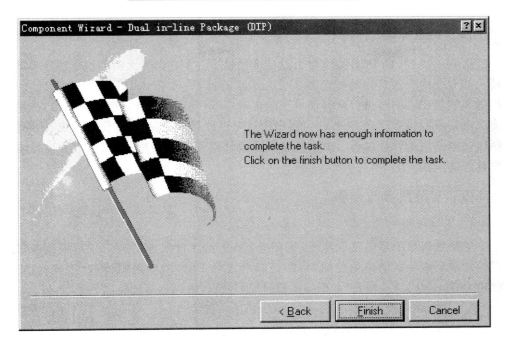

图 8-44 完成对话框

六、思考题

1. 试用手工创建法创建一个 DIP14 的元件封装。
2. PCB 浏览管理器由哪几部分组成？它们各自的功能是什么？

实验六 设计数码显示器电路的 PCB 板

一、实验目的

1. 进一步掌握印制电路板设计系统的应用。
2. 掌握数码显示器电路 PCB 板的设计方法。

二、实验仪器

电脑，Protel 软件。

三、实验课时

4 课时。

四、实验原理

Protel 99 SE 的 PCB 编辑器为设计者提供了一个功能强大的印制电路板设计环境。其专业的交互式自动布线器基于人工智能技术,可对 PCB 进行优化设计,所采用的布线算法可同时进行全部信号层的自动布线,并进行优化,使设计者可以快速地完成电路板的设计。在 PCB 编辑器中通过对设计规则的设置,可使设计者有效地控制印制电路板的设计过程。由于具备在线设计规则检查功能,可以最大程度地避免设计者的失误。

五、实验内容与步骤

1. 实验内容

对照数码显示器电路原理图(见图 8-19)和元件数据表(见表 8-2),根据所学知识绘制数码显示器电路原理图,绘制完成后进行 ERC 电气规则检查,创建网络表。创建 PCB 编辑文档,命名"数码显示器.PCB",设计数码显示器电路的 PCB 板。

2. 实验步骤

(1) 用 SCH 99 绘制数码显示器电路原理图,创建网络表。

(2) 创建 PCB 文档。

(3) 规划电路板。

(4) 设置参数。

(5) 装入网络表及元件封装。

(6) 元件布局(手工布局)。

(7) 布线(手工布线)。

(8) 增加与外电路的连接端(连接端较少时可放置若干个焊盘)。

六、思考题

1. 简述印制电路板设计流程。

2. 自学印制电路板的自动布局和自动布线。

第九部分

传感器与检测技术实验

实验一　金属箔式应变片(一)
——单臂、半桥电桥性能实验

一、实验目的

1. 了解金属箔式应变片的应变效应,掌握单臂电桥的工作原理和性能。
2. 比较半桥与单臂电桥的不同性能,理解其特点。

二、实验原理

1. 单臂电桥

电阻丝在外力作用下发生机械变形时,其电阻值发生变化,这就是电阻应变效应,描述电阻应变效应的关系式为

$$\frac{\Delta R}{R} = K\varepsilon$$

式中,$\Delta R/R$ 为电阻丝电阻的相对变化;K 为应变灵敏系数;$\varepsilon = \Delta l/l$ 为电阻丝长度的相对变化。

金属箔式应变片就是通过光刻、腐蚀等工艺制成的应变敏感元件,通过它转换被测部位受力状态变化。电桥的作用是完成电阻到电压的比例变化,电桥的输出电压反映了相应的受力状态。

对单臂电桥,输出电压为

$$U_{o1} = \frac{EK\varepsilon}{4}$$

2. 半桥电桥

不同受力方向的两只应变片接入电桥作为邻边,电桥输出灵敏度提高,非线性得到改善。

当应变片阻值和应变量相同时,其桥路输出电压为

$$U_{o2} = \frac{EK\varepsilon}{2}$$

三、实验设备与器件

应变式传感器实验模板、应变式传感器——电子秤、砝码、数显表、±15 V 电源、±4 V 电源、万用表(自备)。

四、实验内容与步骤

1. 单臂电桥

（1）图 9-1 中应变式传感器（电子秤）已装于应变传感器模板上。传感器中各应变片已接入模板左上方的 R_1、R_2、R_3、R_4。加热丝也接于模板上，可用万用表测量各电阻，$R_1 = R_2 = R_3 = R_4 = 350\ \Omega$，加热丝阻值为 50 Ω 左右。

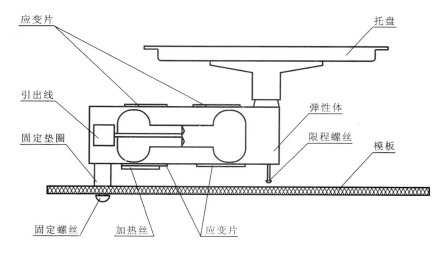

图 9-1　应变式传感器安装示意图

（2）模板电源 ±15 V（从主控台引入），检查无误后，合上主控台电源开关，将实验模板调节增益电位器 R_{W3} 顺时针大致调到中间位置，再进行差动放大器调零，方法为将差动放大器的正负输入端与地短接，输出端与主控台面板上数显表的输入端 u_i 相连，调节实验模板上调零电位器 R_{W4}，使数显表显示为零（数显表的切换开关拨到 2 V 挡）。关闭主控箱电源。

注意：当 R_{W3}、R_{W4} 的位置一旦确定，就不能改变，并且一直保持到做完实验为止。

（3）将应变式传感器的其中一个电阻应变片 R_1（即模板左上方的 R_1）接入电桥，作为一个桥臂与 R_5、R_6、R_7 接成直流电桥（R_5、R_6、R_7 模块内已接好），接好电桥调零电位器 R_{W1}，接上桥路电源 ±4 V（从主控台引入），如图 9-2 所示。检查接线无误后，合上主控台电源开关。调节 R_{W1}，使数显表显示为零。

（4）在电子秤上放置一只砝码，读取数显表数值，依次增加砝码并读取相应的数显表值，直到 200 g（或 500 g）砝码加完。实验结果记入表 9-1 中，关闭电源。

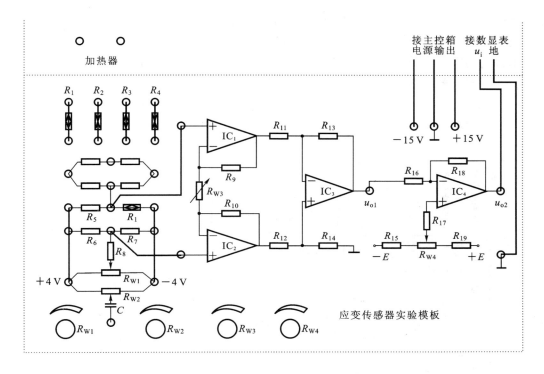

图 9-2　应变式传感器单臂电桥实验接线图

表 9-1

质量/g									
电压/mV									

（5）根据表 9-1 计算系统灵敏度

$$S = \Delta U / \Delta W$$

式中，ΔU 为输出电压变化量；ΔW 为质量变化量。

非线性误差

$$\delta_{fl} = \Delta m / y_{F \cdot s} \times 100\%$$

式中，Δm 为输出值（多次测量时为平均值）与拟合直线的最大偏差；$y_{F \cdot s}$ 为满量程输出平均值，此处为 200 g（或 500 g）。

2. 半桥电桥

（1）传感器安装同实验内容与步骤 1。做单臂电桥中的（2），实验模板差动放大器调零。

（2）根据图 9-3 接线。R_1、R_2 为实验模板左上方的应变片，注意，R_2 应与 R_1 受力状态相反，即将传感器中两片受力相反（一片受拉、一片受压）的电阻应变片作为电桥的相邻边。接入桥路电源±4 V,调节电桥调零电位器R_{W1}进行桥路调零,实验步骤(3)、(4)同实验内容与步骤 1 单臂电桥中(4)、(5)的步骤,将实验数据记入表 9-2 中,计算灵敏度 $S_2 = U/W$ 和非线性误差 δ_{f2}。若实验时无数值显示说明 R_2 与 R_1 为相同受力状态应变片,应更换另一个应变片。

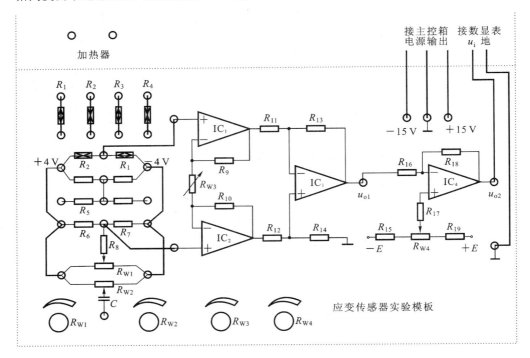

图 9-3　应变式传感器半桥实验接线图

表 9-2　半桥测量时,输出电压与加负载质量值

质量/g								
电压/mV								

五、思考题

1. 单臂电桥时,作为桥臂电阻的应变片应选用:

(1) 正(受拉)应变片。

(2) 负(受压)应变片。

(3) 正、负应变片均可以。

2. 半桥测量时两片不同受力状态的电阻应变片接入电桥时,应放在:

(1) 对边。

（2）邻边。

3．桥路（差动电桥）测量时存在非线性误差,是因为:

（1）电桥测量原理上存在非线性。

（2）应变片应变效应是非线性的。

（3）调零值不是真正为零。

实验二　金属箔式应变片(二)
——全桥性能实验

一、实验目的

1．了解全桥测量电路的优点。

2．了解温度对应变片测试系统的影响。

二、实验原理

1．全桥测量电路中,将受力性质相同的两应变片接入电桥对边,当应变片初始阻值 $R_1 = R_2 = R_3 = R_4$,其变化值 $\Delta R_1 = \Delta R_2 = \Delta R_3 = \Delta R_4$ 时,其桥路输出电压为

$$U_{03} = KE\varepsilon$$

其输出灵敏度比半桥又提高了一倍,非线性误差和温度误差均得到改善。

2．电阻应变片的温度影响主要来自两个方面。敏感栅丝的温度系数,应变栅的线膨胀系数与弹性体(或被测试件)的线膨胀系数不一致会产生附加应变。因此当温度变化时,在被测体受力状态不变时,输出会有变化。

三、实验设备与器件

应变式传感器实验模板、应变式传感器——电子秤、砝码、±15 V 电源、±4 V 电源、万用表(自备)、数显表单元、直流源、加热器(已贴在应变片底部)。

四、实验内容与步骤

1．全桥测量实验

（1）传感器安装:同本部分实验一。

（2）根据图 9-4 接线,实验方法与本部分实验二相同。将实验结果记入表 9-3 中,进行灵敏度和非线性误差计算。

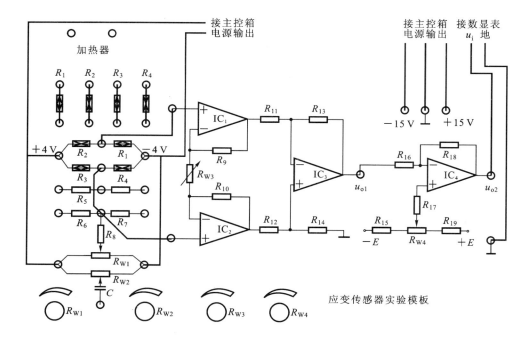

图 9-4　全桥性能实验接线图

表 9-3　全桥输出电压与加负载质量值

质量/g								
电压/mV								

2. 温度影响实验

(1) 保持实验内容与步骤 1 的实验结果。

(2) 将 200 g 砝码加于砝码盘上,在数显表上读取某一整数值 U_{o1}。

(3) 将 5 V 直流稳压电源接于实验模板的加热器插孔上,数分钟后待数显表电压显示基本稳定后,记下读数 U_{ot},$U_{ot} - U_{o1}$ 即为温度变化的影响。计算这一温度变化产生的相对误差

$$\delta = \frac{U_{ot} - U_{o1}}{U_{ot}}$$

五、思考题

1. 全桥测量中,当两组对边(R_1、R_3 为对边)电阻值相同时,即 $R_1 = R_3$,$R_2 = R_4$,而 $R_1 \neq R_2$ 时,是否可以组成全桥:

(1) 可以。

（2）不可以。

2．某工程技术人员在进行材料拉力测试时在棒材上贴了两组应变片，如何利用这四片电阻应变片（见图 9-5）组成电桥，是否需要外加电阻？

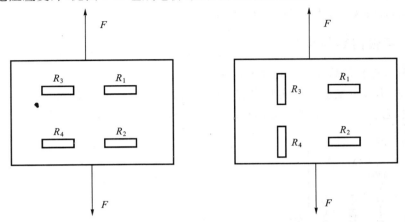

图 9-5　应变式传感器受拉时传感器圆周面展开图

3．有哪些方法可以消除金属箔式应变片的温度影响？

4．应变式传感器可否用于测量温度？

实验三　金属箔式应变片（三）
——全桥的应用

一、实验目的

1．了解应变直流全桥的应用及电路的标定。

2．了解利用交流电桥测量动态应变参数的原理与方法。

二、实验原理

1．直流全桥的应用——电子秤实验

电子秤实验原理与实验二全桥测量原理相同，通过对电路调节使电路输出的电压值为质量对应值，电压量纲（V）改为质量量纲（g），即成为一台原始电子秤。

2．交流全桥的应用——振动测量实验

用交流电桥测量交流应变信号时，桥路输出的波形为一调制波，不能直接显示其应变值，只有通过移相检波和滤波电路后才能得到变化的应变信号，此信号可以从示波器或用交流电压表读得。

三、实验设备与器件

应变式传感器实验模板、应变式传感器、砝码、音频振荡器、低频振荡器、万用表（自备）、相敏检波器模板、双踪示波器、振动源。

四、实验内容与步骤

1. 直流全桥的应用——电子秤实验

(1) 按本部分实验二中实验内容与步骤 2 的步骤，将差动放大器调零，按图 9-6 全桥接线，合上主控台电源开关，调节电桥平衡电位 R_{W1}，使数显表显示 0.00 V。

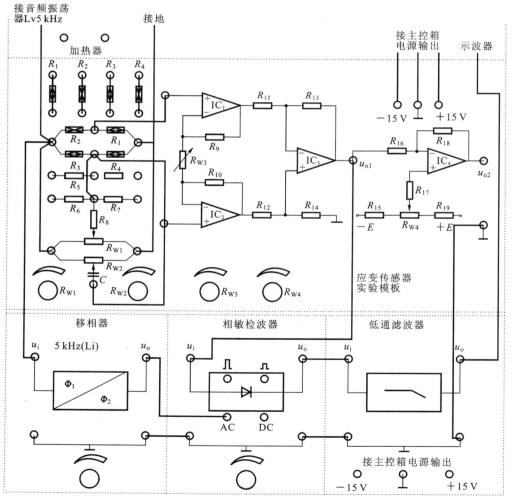

图 9-6　应变片振动测量实验接线图

（2）将 10 只砝码全部置于传感器的托盘上，调节电位器 R_{W3}（增益即满量程调节），使数显表显示为 0.200 V（2 V 挡测量）或－0.200 V。

（3）移去托盘上的所有砝码，并调节电位器 R_{W4}（零位调节），使数显表显示为 0.000 0 V。

（4）重复（2）、（3）的标定过程，一直到精确为止，把电压量纲（V）改为质量量纲（g），就可以称重，成为一台原始的电子秤。

（5）把砝码依次放在托盘上，相关数据记入表 9-4 中。

表 9-4

质量/g									
电压/mV									

（6）根据表 9-4，计算误差与非线性误差。

2. 交流全桥的应用——振动测量实验

（1）不用模块上的传感器，改为振动梁的应变片，即台面上的应变输出。

（2）如图 9-6 所示，将台面三源板上的应变插座用连接线插入应变传感器实验模板上。因振动梁上的四片应变片已组成全桥，引出线为四芯线，因此，可直接接入实验模板面上已连成电桥的四个插孔上。接线时应注意连接线上每个插头的意义，对角线的阻值为 350 Ω，若两组对角线阻值均为 350 Ω，则接法正确（用万用表测量）。

（3）根据图 9-7，接好交流电桥后调平衡电路及系统，R_8、R_{W1}、C、R_{W2} 为交流电桥的调平衡网络。检查接线无误后，合上主控台电源开关，将音频振荡器的频率调节到 1 kHz 左右，幅度调节到 $10U_{p\text{-}p}$（频率可用数显表 Fin 观测，幅度用示波器观测）。

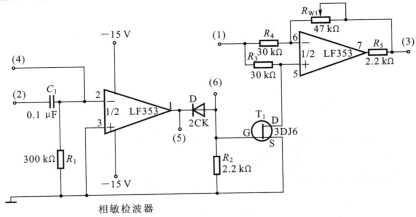

图 9-7 相敏检波器的电路原理图

（4）将低频振荡器输出接入振动台激励源插孔，调低频输出幅度和频率使振动台（圆盘）明显振动。

（5）固定低频振荡器幅度钮旋位置不变，低频输出端接入数显表单元的 Fin，把数显表的切换开关拨到频率挡观测低频频率，调低频频率，用示波器读出频率改变时低通滤波器输出的电压峰-峰值，记入表 9-5 中。

表 9-5

f/Hz								
U_{opp}/V								

从实验数据得振动梁的自振频率为＿＿＿＿＿＿＿＿Hz。

五、思考题

1. 在交流电桥测量中，对音频振荡器频率和被测梁振动频率之间有什么要求？
2. 请归纳直流电桥和交流电桥的特点？

❖ 小　　结 ❖

电阻应变式传感器从 1938 年开始使用，至今仍然是当前称重测力的主要工具，电阻应变式传感器最高精度可达万分之一，甚至更高。电阻应变片、丝除直接用于测量机械、仪器及工程结构等的应变外，主要是与各种形式的弹性体相配合，组成各种传感器和测试系统。如称重、压力、扭矩、位移、加速度等传感器，常见的应用场合如各种商用电子秤、皮带秤、吊钩秤、高炉配料系统、汽车衡、轨道衡等。

附移相器和相敏检波器电路原理图如图 9-7 和图 9-8 所示。

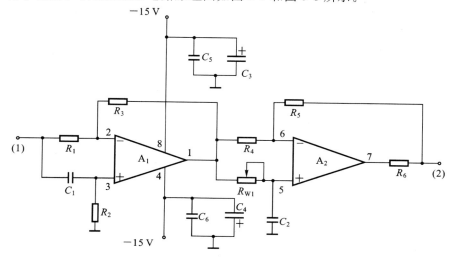

图 9-8　移相器电路原理图

实验四　差动变压器的性能实验

一、实验目的

了解差动变压器的工作原理和特性。

二、实验原理

差动变压器由一只初级线圈、两只次级线圈和一个铁芯组成，根据内、外层排列不同，有二段式和三段式，本实验采用三段式结构。当传感器随着被测体移动时，由于初级线圈和次级线圈之间的互感发生变化，促使次级线圈感应电动势产生变化，一只次级线圈感应电动势增加，另一只次级线圈感应电动势则减少，将两只次级线圈反向串接（同名端连接），就引出差动输出。其输出电动势反映出被测体的移动量。

三、实验设备与器件

差动变压器实验模板、测微头、双踪示波器、差动变压器、音频信号源、直流电源（音频振荡器）、万用表。

四、实验内容与步骤

1. 根据图 9-9 将差动变压器装在差动变压器实验模板上。

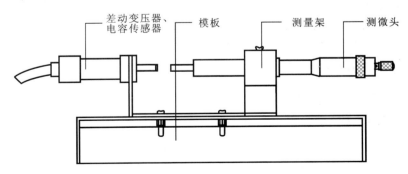

差动变压器、　模板　　测量架　　测微头
电容传感器

图 9-9　差动变压器电容传感器安装示意图

2. 在模块上按图 9-10 接线，音频振荡器信号必须从主控箱中的 Lv 端子输出，调节音频振荡器的频率，输出频率为 $4 \sim 5$ kHz（可用主控箱的频率表输入 Fin 来观测）。调节输出幅度为 $U_{pp} = 2$ V（可用示波器观测，X 轴为 0.2 ms/div）。图中 1,2,3,4,5,6 为连接线插座的编号。接线时，航空插头上的号码与之对应。当然不看插孔号码,也可以判别初、次级线圈与次级同名端。

　　判别初、次线圈与次级线圈同名端方法如下:设任一线圈为初级线圈,并设另外两个线圈的任一端为同名端,按图9-10接线。当铁芯左、右移动时,观察示波器中显示的初级线圈波形和次级线圈波形,当次级波形输出幅度值变化很大,基本上能过零点,而且与初级线圈波形(Lv音频信号$U_{p-p}=2$ V 波形)比较能同相或反相变化,说明已连接的初、次级线圈与次级线圈同名端是正确的,否则继续改变连接再判别,直到正确为止。图中(1)、(2)、(3)、(4)为实验模块中的插孔编号。

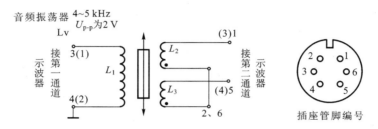

图 9-10　双踪示波器与差动变压器连接示意图

　　3. 旋动测微头,使示波器第二通道显示的波形峰-峰值 U_{p-p} 为最小,这时可以左右位移,假设其中一个方向为正位移,另一个方向位称为负,从 U_{p-p} 最小开始旋动测微头,每隔 0.2 mm 从示波器上读出输出电压 U_{p-p} 值,记入表9-6中,再从 U_{p-p} 最小处反向位移做实验,在实验过程中,注意左右位移时,初、次级波形的相位关系。

　　4. 实验过程中注意差动变压器输出的最小值即为差动变压器的零点残余电压大小。根据表9-6画出 U_{p-p}-X 曲线,作出量程为 ±1 mm、±3 mm 的灵敏度和非线性误差。

表 9-6　差动变压器位移 X 值与输出电压数据表

U/mV										
X/mm										

五、思考题

　　1. 用差动变压器测量较高频率的振幅,例如 1 kHz 的振幅,可以吗? 差动变压器测量频率的上限受什么影响?

　　2. 试分析差动变压器与一般电源变压器的异同?

　　3. 移相器的电路原理图如图9-7所示,试分析其工作原理?

　　4. 相敏检波器的电路原理图如图9-8所示,试分析其工作原理?

实验五　差动变压器的零点残余电压补偿及应用实验

一、实验目的

1. 了解差动变压器零点残余电压的补偿方法。
2. 了解差动变压器测量振动的方法。

二、实验原理

1. 零点残余电压补偿

由于差动变压器两只次级线圈的等效参数不对称,初级线圈纵向排列的不均匀性,两只次级线圈的不均匀、不一致,铁芯 B-H 特性的非线性等,导致在铁芯处于差动线圈中间位置时,其输出电压并不为零。该电压称为零点残余电压。

2. 动态参数测量

差动变压器动态参数测量与测位移量的原理相同。

三、实验设备与器件

音频振荡器、测微头、差动变压器、差动变压器实验模板、示波器、差动放大器模板、移相器/相敏检波器/滤波器模板、数显表单元、低频振荡器、振动源单元(台面上)、直流稳压电源。

四、实验内容与步骤

1. 零点残余电压补偿

(1) 按图 9-11 接线,音频信号源从 Lv 插口输出,实验模板上 R_1、C_1、R_{w1}、R_{w2} 为电桥单元中调平衡网络。

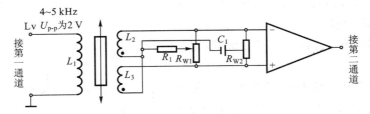

图 9-11　零点残余电压补偿电路之一

（2）利用示波器调整音频振荡器使输出峰-峰值为 2 V。

（3）调整测微头,使差动放大器输出电压最小。

（4）依次调整 R_{w1}、R_{w2},使输出电压降至最小。

（5）将第二通道的灵敏度提高,观察零点残余电压的波形,注意与激励电压相比较。

（6）从示波器上观察,差动变压器的零点残余电压值(峰-峰值)。注:这时的零点残余电压为经放大后的零点残余电压,即为 $U_{零点p\text{-}p}/K$,其中 K 为放大倍数。

2. 动态参数测量

（1）将差动变压器按图 9-12 安装在台面三源板的振动源单元上。

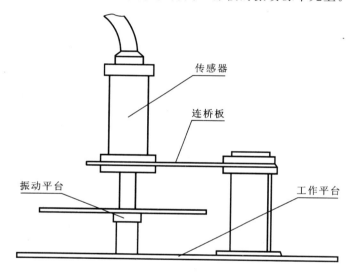

图 9-12　差动变压器振动测量安装图

（2）按图 9-13 接线,并调整好有关部分,具体方法如下:

① 检查接线无误后,合上主控台电源开关,用示波器观察 Lv 峰-峰值,调整音频振荡器幅度旋钮使 $U_{p\text{-}p}=2$ V。

② 利用示波器观察相敏检波器输出,调整传感器连接支架的高度,使示波器显示的波形幅值为最小。

③ 仔细调节 R_{w1} 和 R_{w2},使示波器(相敏检小波器)显示的波形幅值更小,基本为零。

④ 用手按住振动平台(使传感器产生一个大位移),仔细调节移相器和相敏检波器的旋钮,使示波器显示的波形为接近全波整流的波形。

⑤ 松手,整流波形消失变为一条接近零点的线,否则再调节 R_{w1} 和 R_{w2}。振动平台接上低频振荡器,调节低频振荡器幅度旋钮和频率旋钮,使振动平台振荡较为明

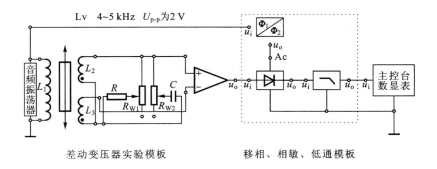

图 9-13 差动变压器振动测量实验接线图

显。用示波器观察放大器的输出电压、相敏检波器的输出电压及低通滤波器的输出电压波形。

（3）保持低频振荡器的幅度不变,改变振荡频率(频率与输出电压 U_{p-p} 的观测方法与上述实验十相同)用示波器观察低通滤波器的输出,读出电压峰-峰值,记下实验数据,记入表 9-7 中。

表 9-7

f/Hz									
U_{p-p}/V									

（4）根据实验结果作出梁的振幅-频率特性曲线,指出自振频率的大致值,并与用应变片测出的结果相比较。

（5）保持低频振荡器频率不变,改变振荡幅度,同样实验可得到振幅与电压峰-峰值 U_{p-p} 曲线(定性)。

注意:低频激振电压幅值不要过大,以免梁在自振频率附近振幅过大。

五、思考题

1. 请分析经过补偿后的零点残余电压波形。
2. 本实验也可用如图 9-14 所示的电路,请分析原理。
3. 如果用直流电压表来读数,需增加哪些测量单元,测量电路该如何?
4. 利用差动变压器测量振动,在应用上有哪些限制?

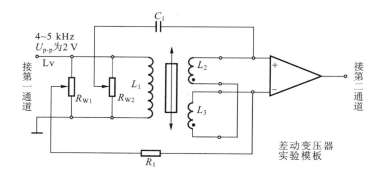

图 9-14   零点残余电压补偿电路之二

实验六   电容式传感器的位移实验

一、实验目的

了解电容式传感器的结构及其特点。

二、实验原理

利用平板电容 $C=\varepsilon A/d$ 和其他结构的关系式,通过相应的结构和测量电路,在 ε、A、d 三个参数中选择,保持两个参数不变,只改变其中一个参数,则根据不同的参数选择可测谷物干燥度(变 ε)、测微小位移(变 d)和测量液位(变 A)等多种电容传感器。

三、实验设备与器件

电容传感器、电容传感器实验模板、测微头、相敏检波、滤波模板、数显表单元、直流稳压源。

四、实验内容与步骤

1. 按图 9-15 安装示意图,将电容传感器装于电容传感器实验模板上,判别 C_{X1} 和 C_{X2} 时,注意动极板接地,接法正确则动极板左右移动时,有正、负输出。否则,应调换接头。两个静片分别是①号和②号引线,动极板为③号引线。

2. 将电容传感器 C_1 和 C_2 的静片接线分别插入电容传感器实验模板上的 C_{X1}、C_{X2} 插孔,动极板连接地插孔(见图 9-15)。

3. 将电容传感器实验模板的输出端 u_{o1} 与数显表单元 u_i 相接(插入主控箱 u_i

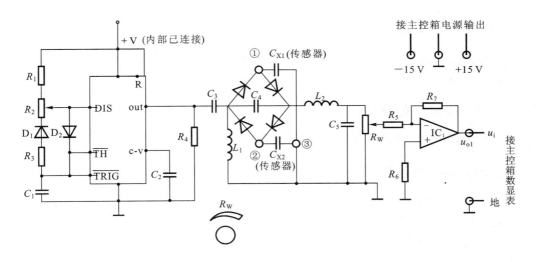

图 9-15　电容传感器位移实验接线图

孔),R_w 调节到中间位置。

4. 接入±15 V 电源,旋动测微头推进电容器传感器动极板位置,每间隔0.2 mm 记下位移 X 与输出电压值,记入表 9-8 中。

表 9-8　电容传感器位移与输出电压值

X/mm									
U/mV									

5. 根据表 9-8 数据,计算电容传感器的系统灵敏度 S 和非线性误差 δ_f。

五、思考题

试设计利用 ε 的变化测谷物湿度的传感器原理及结构? 能否叙述一下在设计中应考虑哪些因素?

实验七　直流激励时霍尔式传感器位移特性实验

一、实验目的

了解霍尔式传感器的原理与应用。

二、实验原理

根据霍尔效应,霍尔电势 $U_H = K_H IB$,当霍尔元件处在梯度磁场中运动时,它就可以进行位移测量。

三、实验设备与器件

霍尔式传感器实验模板、霍尔传感器、直流源、测微头、数显表单元。

四、实验内容与步骤

1. 将霍尔式传感器按图 9-16 安装。霍尔式传感器与实验模板的连接按图 9-17 进行。1、3 为 ±4 V 电源,2、4 为输出。

开启电源,调节测微头,使霍尔片在磁钢中间位置,再调节 R_{W1},使数显表指示为零。

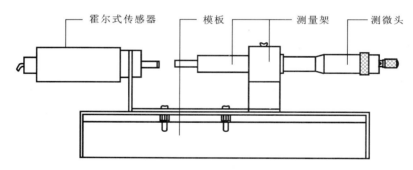

图 9-16　霍尔式传感器安装示意图

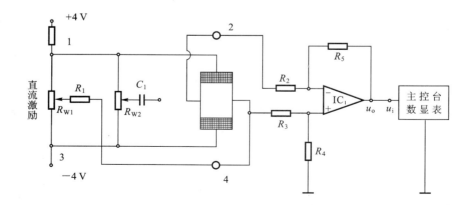

图 9-17　直流激励时霍尔式传感器位移实验接线图

2. 测微头向轴向方向推进,每转动 0.2 mm 记下一个读数,直到读数近似不变,将读数记入表 9-9 中。

表 9-9

X/mm									
U/mV									

作出 $U\text{-}X$ 曲线,计算不同线性范围时的灵敏度 S 和非线性误差 δ_f。

五、思考题

本实验中霍尔元件位移的线性度实际上反映的是什么量的变化?

实验八　交流激励时霍尔式传感器位移特性实验

一、实验目的

了解交流激励时霍尔式传感器的特性。

二、实验原理

交流激励时霍尔式传感器与直流激励一样,基本工作原理相同,不同之处是测量电路。

三、实验设备与器件

在实验七的基础上加相敏检波、移相、滤波模板、双踪示波器。

四、实验内容与步骤

传感器安装同实验七,实验模板上的连线如图 9-18 所示。

1. 调节音频振动器频率和幅度旋钮,从 Lv 输出,用示波器测量,使电压输出频率为 1 kHz,激励电压从音频输出端 Lv 输出频率为 1 kHz,幅值为 4 V(注意:电压过大会烧坏霍尔元件)。

2. 调节测微头使霍尔式传感器处于磁钢中点,先用示波器观察,使霍尔元件不等位电势为最小,然后从数显表上观察,调节电位器 R_w1、R_w2,使显示为零。

3. 调节测微头使霍尔式传感器产生一个较大位移,利用示波器观察相敏检波器输出,旋转移相单元电位器和相敏检波电位器,使示波器显示全波整流波形,且数显

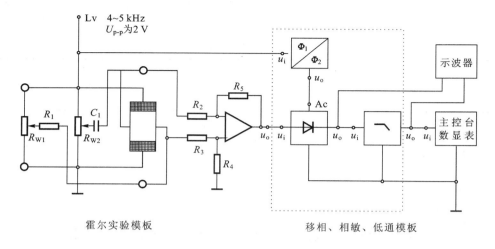

图 9-18　交流激励时霍尔传感器位移实验接线图

表显示相对值。

4. 使数显表显示为零,然后旋动测微头,记下每转动 0.2 mm 时表头的读数,记入表 9-10 中。

表 9-10　交流激励时输出电压和位移值

X/mm								
U/mV								

根据表 9-10 作出 U-X 曲线,计算不同量程时的非线性误差 δ_f。

五、思考题

利用霍尔元件测量位移和振动时,使用上有何限制?

实验九　霍尔测速实验

一、实验目的

了解霍尔转速传感器的应用。

二、实验原理

利用霍尔效应表达式:$U_H = K_H IB$,当被测圆盘上装上 N 只磁性体时,圆盘每转

一周磁场就变化 N 次。每转一周霍尔电势就随频率相应变化,输出电势通过放大、整形和计数电路,就可以测量被测旋转物的转速。

三、实验设备与器件

霍尔转速传感器、+5 V 直流源、+2～24 V 转速电源、转动源、转动源单元、数显表单元的转速显示部分。

四、实验内容与步骤

根据图 9-19,将霍尔转速传感器装于传感器支架上,探头对准反射面内的磁钢。

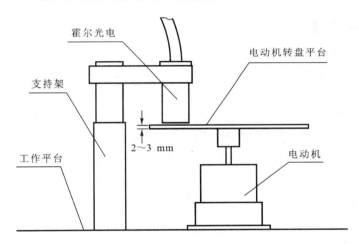

图 9-19　霍尔测速实验安装示意图

将+5 V 直流源加于霍尔转速传感器的电源端(1 号接线端)。将霍尔转速传感器输出端(2 号接线端)插入数显表单元 Fin 端,3 号接线端接地。将转速调节中的+2～24 V 转速电源接入三源板的转动电源插孔中。将数显表单元上的开关拨到转速挡。调节转速调节电压使转动速度变化。观察数显表显示的转速变化。

五、思考题

1. 利用霍尔元件测转速,在测量上是否有限制?
2. 本实验装置上用了 12 只磁钢,能否用 1 只磁钢?

实验十　光纤位移传感器实验

一、实验目的

1. 了解光纤位移传感器的工作原理和性能。
2. 了解光纤位移传感器的动态特性。
3. 了解光纤位移传感器用于测量转速的方法。

二、实验原理

1. 位移特性实验

本实验采用的是传光型光纤,它由两束光纤混合后,组成 Y 型光纤,半圆分布即双 D 型,一束光纤端部与光源相接为发射光束,另一束端部与光电转换器相接为接收光束。两光束混合后的端部是工作端亦称探头,它与被测体相距 X,由光源发出的光纤传到端部出射后再经被测体反射回来,另一束光纤接收光信号由光电转换器转换成电量,而光电转换器转换的电量大小与间距 X 有关,因此可用于测量位移。

2. 测量振动实验

利用光纤位移传感器的位移特性和其高的频率响应,配以合适的测量电路即可测量振动。

3. 测量转速实验

利用光纤位移传感器探头对旋转体被测物反射光的明显变化产生的电脉冲,经电路处理即可测量转速。

三、实验设备与器件

光纤位移传感器、光纤位移传感器实验模板、振动台、低频振荡器、动态测量支架、检波、滤波实验模板、数显表单元测转速挡、数显表、± 15 V 直流源、$2\sim 24$ V 转速源、测微头、反射面。

四、实验内容与步骤

1. 位移特性实验

根据图 9-20 安装光纤位移传感器,两束光纤插入实验板上的座孔。其内部已与发光管 D 及光电转换管 T 相接。

将光纤实验模板输出端 U_{o1} 与数显表单元相连,如图 9-21 所示。

(1) 调节测微头,使探头与反射面圆平板接触。

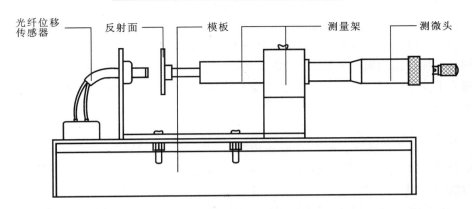

图 9-20　光纤位移传感器安装示意图

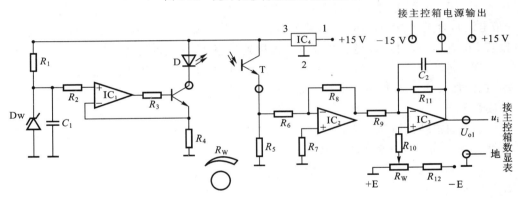

图 9-21　光纤位移传感器位移实验接线图

（2）实验模板接入 ± 15 V 电源，合上主控箱电源开关，调节 R_w，使数显表显示为零。

（3）旋转测微头，被测体离开探头，每隔 0.1 mm 读出数显表值，记入表 9-11 中。

表 9-11　光纤位移传感器输出电压与位移数据

X/mm										
U/V										

根据表 9-11 数据，作光纤位移传感器的位移特性，计算在量程为 1 mm 时的灵敏度和非线性误差。

2. 测量振动实验

（1）光纤传感器安装如图 9-20 所示，光纤探头对准振动台的反射面。

（2）根据位移特性实验的结果，找出线性段的中点，通过调节安装支架高度将光纤探头与振动台台面的距离调整在线性段中点（大致目测）。

在图 9-21 中 u_{o1} 与低通滤波器模板 u_i 相接，低通滤波器输出 u_o 接到示波器。

（3）将低频振荡器幅度输出旋转到零,低频信号输入到振动台的激励端。

（4）将频率挡选择在 6～10 Hz,逐步增大输出幅度,注意不能使振动台面碰到传感器。保持振动幅度不变,改变振动频率,观察示波器波形及输出电压峰-峰值,振动频率不变,改变振动幅度（但不能碰撞光纤探头）,观察示波器波形及输出电压峰-峰值。

3. 测速实验

（1）将光纤传感器按图 9-20 装于传感器支架上,使光纤探头与电动机转盘平台中反射点对准,距离正好在光纤线性区域内（利用位移特性实验的结论,目测距离大致为线性区域）。

（2）按图 9-21,将光纤传感器实验模板输出 u_{o1} 与数显表 u_i 端相接,接上实验模板的 ±15 V 电源,数显表的切换开关拨到 2 V 挡,用手转动圆盘,使探头避开发射面（暗电流）,合上主控箱电源开关,调节 R_w,使数显表显示接近零（≥0）,再将 u_{o1} 与数显表 Fin 输入端相接,数显表的波段开关拨到转速挡,数显表的转速指示灯亮。

（3）将转速源 +2～24 V 先旋到最小,接于转动源 +24 V 插孔上,使电动机转动,逐渐加大转速源电压。使电动机转速盘加快,固定某一转速观察并记下数显表上的读数 n_1。

（4）固定转速电压不变,将选择开关拨到频率测量挡,测量频率,记下频率读数,根据转盘上的测速点数折算成转速值 n_2。

将实验步骤（4）与（3）比较,以转速 n_1 作为真值计算两种方法的测速误差（相对误差）,则相对误差为

$$r = \frac{n_1 - n_2}{n_1} \times 100\%$$

五、思考题

1. 试分析电容式、电涡流、光纤三种传感器测量振动时的应用及特点?

2. 测量转速时,转速盘上反射（或吸收点）的多少与测速精度有否影响,可以用实验来验证比较转盘上是一个黑点的情况。

3. 光纤位移传感器测位移时对被测体的表面有哪些要求?

实验十一 热电阻测温特性实验

一、实验目的

了解热电阻的特性与应用。

二、实验原理

利用导体电阻随温度变化的特性,热电阻用于测量时,要求其材料电阻温度系数大,稳定性好,电阻率高,电阻与温度之间最好有线性关系。常用铂电阻和铜电阻,铂电阻在 $0\sim630.74$ ℃以内,电阻 R_t 与温度 t 的关系为

$$R_t = R_0(1 + At + Bt^2)$$

式中,R_0 为温度为 0 ℃时的电阻,本实验中 $A = 3.968\ 4 \times 10^{-2}/$℃;$B = -5.847 \times 10^{-7}/$℃²,铂电阻现是三线连接,其中一端接两根引线,主要是为了消除引线电阻对测量的影响。

三、实验设备与器件

加热源、K 型热电偶、Pt_{100} 热电阻、温度控制单元、温度传感器实验模板、数显表单元、万用表。

四、实验内容与步骤

1. 将 Pt_{100} 铂电阻三根线插入实验模板上 R_t 的 a、b 和 R_6 端上,用万用表欧姆挡测出 Pt_{100},三根线中其中短接的两根线接 b 端和 R_5 端。这样 R_t 与 R_3、R_1、R_{w1}、R_4 组成直流电桥,是一种单臂电桥工作形式。R_{w1} 中心活动点与 R_5 相接。

2. 在端点 a 与地之间加 $+6$ V 直流源,合上主控箱电源开关,调节 R_{w1},使电桥平衡,桥路输出端 b 和中心活动点之间在室温下输出为零。

3. 加 ± 15 V 运放电源,调节 R_{w3},使 $U_{o2} = 0$,接上数显表单元,拨 $+2$ V 电压显示挡,使数显表显示为零。在常温基础上,设定温度值可按 $\Delta t = 5$ ℃读取数显表值。将结果记入表 9-12 中。关闭电源主控箱电源开关。

表 9-12　铂电阻热电势与温度值

$t/$℃										
$U/$mV										

根据表 9-12 值计算其非线性误差 δ_f。

五、思考题

如何根据测温范围和精度要求选用热电阻?

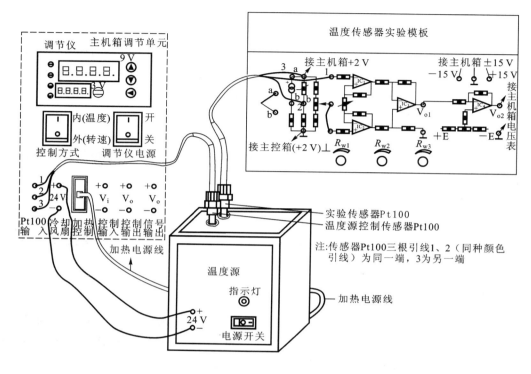

图 9-22　热电阻测温特性实验

实验十二　热电偶测温性能实验

一、实验目的

了解热电偶测量温度的性能与应用范围。

二、实验原理

当两种不同的金属组成回路,产生的两个接点有温度差,会产生热电势,这就是热电效应。温度高的接点就是工作端,将其置于被测温度场配以相应电路,就可间接测得被测温度值。

三、实验设备与器件

热电偶(K 型、E 型)、加热源、温度控制仪、数显表单元。

四、实验内容与步骤

1. 将 K 型热电偶插入主控板上用于温度设定。

2. 将 E 型热电偶插入温度传感器实验模板上标有热电偶符号的 a、b 孔上,热电偶自由端连线中带红色套管或红色斜线的一端为正端。将 a、b 端与 R_5、R_6 相接。

3. 设定温度值 $t=40$ ℃。将 R_5、R_6 短路接地,接入 ±15 V 电源,打开主控箱电源开关,调节 R_{W3},使 u_{o2} 为零(见图 9-22),将 U_{o2} 与数显表单元上的 u_i 相接。调节 R_{W3},使数显表显示零,主控箱上电压波段开关拨到 2 V 挡。

4. 去掉 R_5、R_6 短路接线,将 a、b 端与放大器 R_5、R_6 相接,调节 R_{W2},将信号放大到比分度值大 10 倍的毫伏值。

5. 在 40 ℃到 150 ℃之间设定 $\Delta t=5$ ℃。读出数显表头输出电压与温度值,并记入表 9-13 中。

表 9-13　E 型热电偶热电势与温度数据

$t/$℃								
$U/$mV								

根据表 9-13 计算非线性误差 δ_f。

表 9-14 是热电偶和热电阻的分度表。

表 9-14　分度表

测量元件	温度 /℃	−50	0	50	100	150	200	300	400
热电偶	E 型		0	3.047	6.317	9.787	13.419	21.033	28.943
	K 型		0	2.022	4.095	6.137	8.137	12.027	3.261
热电阻	Cu_{50}	39.24	50	60.7	71.4	82.13			
	Pt_{100}	80.3	100	119.4	138.5	157.31	175.84	212.02	247.04

测量元件	温度 /℃	500	600	800	1 200	1 400	1 600	1 800
热电偶	E 型	36.999	45.085	61.066				
	K 型	4.234	5.237	7.345	11.947	14.368	16.771	
热电阻	Cu_{50}							
	Pt_{100}	280.90	313.59	375.57				

五、思考题

1. 通过温度传感器的三个实验,对各类温度传感器的使用范围有何认识?

2. 能否用 AD590 设计一个直接显示摄氏温度－50～＋50 ℃的数字式温度计,并利用本实验台进行实验。

实验十三　热电偶冷端温度补偿实验

一、实验目的

了解热电偶冷端温度补偿的原理与方法。

二、实验原理

热电偶冷端温度补偿的方法有:电桥法、冰水法、恒温槽法和自动补偿法(见图 9-23)。电桥法常用,它是在热电偶和测温仪表之间接入一个直流电桥,称冷端温度补偿器,补偿器电桥在 0 ℃时达到平衡(亦有 20 ℃平衡)。当热电偶自由端温度升高时(＞0 ℃),热电偶回路电动势 U_{ab} 下降,由于补偿器中,PN 结呈负温度系数,其正向压降随温度升高而下降,促使 U_{ab} 上升,其值正好补偿热电偶因自由端温度升高而降低的电动势,达到补偿目的。

三、实验设备与器件

温度传感器实验模板、热电偶、冷端温度补偿器、＋5 V、±15 V 直流源。

四、实验内容与步骤

1. 温度控制仪表设定温度值 50 ℃。

2. 接入±15 V 电源,合上主控箱电源开关,调节 R_{w3},使温度传感器实验模板输出 u_{o2} 为零,并使实验模板输出端 u_{o2} 与数显表 u_i 相接,此时数显表显示零,电压显示用 200 mV 挡。

3. 将 K 型热电偶置于加热器插孔中,输出端与实验模板输入端 R_5、R_6 插孔相接,合上主控箱加热源开关,使温度达到 50 ℃,放大器增益 R_{w2} 置最小,读取数显表上数据 U_1。

4. 保持工作温度 50 ℃不变,R_{w2}、R_{w3} 不变,冷端温度补偿器上的热电偶插入加热器另一插孔中,在补偿器(4)端加补偿器电源＋5 V,使冷端补偿器工作,读取数显

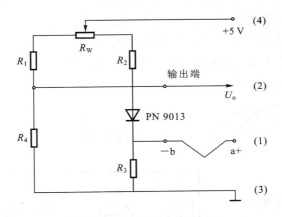

图 9-23　冷端温度补偿原理图

表上数据 U_2。

5. 比较 U_1、U_2，根据实验室的室温和两输出值，计算因自由端温度上升而产生的温度差。

五、思考题

此温度差值代表什么含义？

实验十四　湿敏传感器实验

一、实验目的

了解湿敏传感器的原理及应用范围。

二、实验原理

湿度是指单位空气中所含水蒸气的量，通常采用绝对湿度和相对湿度两种方法表示，用符号 AH 表示。相对湿度是指被测气体中的水蒸气气压和该气体在相同温度下饱和水蒸气气压的百分比，用符号％RH 表示。湿度给出大气的潮湿程度，因此它是一个原量纲的值。实验使用中多用相对湿度概念。

湿敏传感器种类较多，根据水分子易于吸附在固体表面渗透到固体内部的这种特性（称水分子亲和力），湿敏传感器可以分为水分子亲和力型和非水分子亲和力型，本实验所采用的属水分子亲和力型中的高分子材料湿敏元件。

高分子电容式湿敏元件是利用元件的电容值随湿度变化的原理。具有感湿功能的高分子聚合物,例如,乙酸-丁酸纤维素和乙酸-丙酸比纤维素等,做成薄膜,它们具有迅速吸、脱湿的能力,感湿薄膜覆在金箔电极(下电极)上,然后在感湿薄膜上再镀一层多孔金属膜(上电极),这样形成的一个平行板电容器就可以通过测量电容的变化来感觉空气湿度的变化。

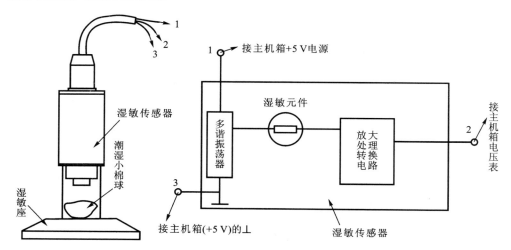

图 9-24　高分子电容式湿敏元件结构示意图

三、实验设备与器件

湿敏传感器、干、湿腔、+3 V 直流源、数显表单元。

四、实验内容与步骤

1. 湿敏传感器的电路原理图如图 9-25,电路和湿敏传感器探头已成一体。仔细观察传感器。

2. 将传感器红色线接+3.3 V 电源,蓝色线接数显表单元 2 V 挡,黑色线接地。

3. 接通+3.3 V 电源后记下数显表读数。

4. 将湿纱布放入干湿腔内,湿度传感器置于容腔孔上,观察数显表头读数变化。

5. 取出湿纱布,待数显表示值下降回复到原示值时,在干湿腔内被放入部分干燥剂,同样将湿度传感器置于容腔孔上,观察数显表读数变化。

6. 本实验装置测试精度为 5%,其输出电压与相对湿度值如表 9-15 所示。根据表 9-15 及实验中的三个数值分别计算其相对湿度值。

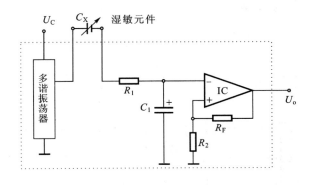

图 9-25　湿敏传感器电路原理图

表 9-15

U_o/V	0	0.15	0.3	0.45	0.60	0.75	0.90	1.05	1.20	1.35	1.50
相对湿度/%(RH)	0	10	20	30	40	50	60	70	80	90	100

五、思考题

若要设计一个恒湿控制装置,应考虑具备哪些环节?

实验十五　电涡流传感器位移实验

一、实验目的

了解电涡流传感器测量位移的工作原理和特性。

二、实验原理

通过高频电流的线圈产生磁场,当有导电体接近时,因导电体涡流效应产生涡流损耗,而涡流损耗与导电体离线圈的距离有关,因此可以进行位移测量。

三、实验设备与器件

电涡流传感器实验模板、电涡流传感器、直流电源、数显表单元、测微头、铁圆片。

四、实验内容与步骤

1. 根据图 9-26 安装电涡流传感器。

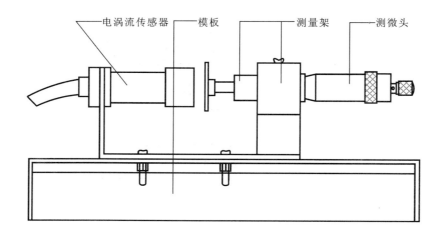

图 9-26　电涡流传感器安装示意图

2. 观察传感器结构。

3. 按图 9-27 接线,将电涡流传感器输出线接入实验模板上标有 L 的两端插孔中,作为振荡器的一个元件。

4. 在测微头端部装上铁质金属圆片,作为电涡流传感器的被测体。

5. 将实验模板输出端 u_o 与数显表单元输入端 u_i 相接。数显表量程切换开关选择电压 20 V 挡。

6. 用连接导线从主控台接入 +15 V 直流电源,并接到模板上标有 +15 V 的插孔中。

7. 使测微头与传感器线圈端部接触,开启主控箱电源开关,记下数显表读数,然后每隔 0.2 mm 读一个数,直到输出几乎不变为止,将结果记入表 9-16 中。

表 9-16　电涡流传感器位移 X 与输出电压数据

X/mm											
U/V											

8. 根据表 9-16 数据,画出 U-X 曲线,根据曲线找出线性区域及进行正、负位移测量时的最佳工作点,试计算量程为 1 mm、3 mm 及 5 mm 时的灵敏度和线性度(可以用端基法或其他拟合直线)。

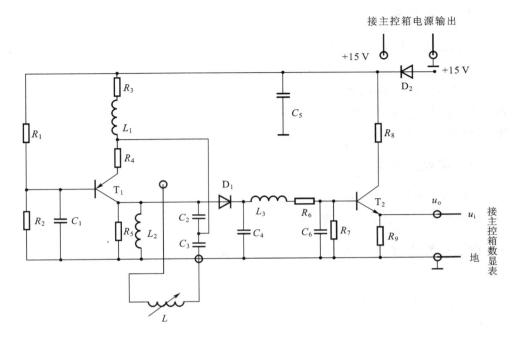

图 9-27　电涡流传感器位移实验接线图

五、思考题

1. 电涡流传感器的量程与哪些因素有关,如果需要测量 ±5 mm 的量程应如何设计传感器?

2. 用电涡流传感器进行非接触位移测量时,如何根据量程使用选用传感器?

实验十六　被测体材质和被测体面积大小对电涡流传感器特性的影响

一、实验目的

1. 了解不同的被测体材料对电涡流传感器性能的影响。

2. 电涡流传感器在实际应用中,其位移特性与被测体的形状和尺寸有关。

二、实验原理

1. 涡流效应与金属导体本身的电阻率和磁导率有关,因此不同的材料就会有不同的性能。

2. 电涡流传感器在实际应用中,由于被测体的形状、大小不同,会导致被测体上涡流效应的不充分,会减弱甚至不产生涡流效应,因此影响电涡流传感器的静态特性,所以在实际测量中,往往必须针对具体的被测体进行静态特性标定。

三、实验设备与器件

电涡流传感器实验模板、电涡流传感器、直流电源、数显表单元、测微头、铁圆片和铝的被测体圆盘、不同形状的铝被测体 2 个。

四、实验内容与步骤

1. 被测体材质对电涡流传感器特性的影响

传感器安装与实验十五相同。

(1) 将原铁圆片换成铝和铜圆片。

(2) 重复实验十五的步骤,进行被测体为铝圆片和铜圆片时的位移特性测试,分别记入表 9-17 和表 9-18 中。

表 9-17　被测体为铝圆片时的位移与输出电压值

X/mm								
U/V								

表 9-18　被测体为铜圆片时的位移与输出电压值

X/mm								
U/V								

(3) 根据表 9-17 和表 9-18 分别计算量程为 1 mm 和 3 mm 时的灵敏度和非线性误差(线性度)。

分别比较实验十五和本实验所得结果进行小结。

2. 被测体面积大小对电涡流传感器特性的影响

传感器安装见图 9-26,与前面静态特性实验相同。

按照测静态特性实验要求连接好测量线路。

在测微头上分别用 3 种不同的被测铝圆盘进行电涡位移特性测定,分别记入表 9-19

中。

表 9-19　不同尺寸时被测体的特性值

X/mm								
被测体 1								
被测体 2								

根据表 9-19 数据计算目前范围内三种被测体 1 号、2 号的灵敏度,并说明理由。

五、思考题

1. 当被测体为非金属材料,如何利用电涡流传感器进行测试?

2. 有一个直径为 10 mm 的电涡流传感器,需对一个轴直径为 8 mm 的振动进行测量? 试说明具体的测试方法与操作步骤。

实验十七　电涡流传感器测量振动实验

一、实验目的

了解电涡流传感器测量振动的原理与方法。

二、实验原理

根据电涡流传感器的动态特性和位移特性,选择合适的工作点即可测量振幅。

三、实验设备与器件

电涡流传感实验模板、电涡流传感器、低频振荡器、振动台、直流电源、检波、滤波模块、数显表单元、测微头、示波器。

四、实验内容与步骤

1. 根据图 9-26 安装电涡流传感器。注意传感器端面与被测体振动台面(铝材料)之间的安装距离即为线形区域(可利用实验十五中铝材料的特性曲线)。将电涡流传感器两端插入实验模板标有 L 的两端插孔中,实验模板输出端接示波器一个通道,接入+15 V 电源。

2. 将低频振荡信号接入振动台激励源插孔,一般应避开梁的自振频率,将振荡频率设置在 6~10 Hz 之间。

3. 低频振荡器幅度旋钮初始为零,慢慢增大幅度,但振动台面与传感器端面不碰撞。

4. 用示波器观察电涡流实验模板输出端 u_o 波形,调节传感器安装支架高度,读取正弦波形失真最小时的电压峰-峰值。

5. 保持振动台的振动频率不变,改变振动幅度可测出相应的传感器输出电压峰-峰值。

五、思考题

1. 电涡流传感器动态响应好,可以测高频振动的物体,电涡流传感器的可测高频上限受什么限制?

2. 有一个振动频率为 10 kHz 的被测体需要测其振动参数,应选用压电式传感器还是电涡流传感器或两者均可?

3. 能否用本系统数显表头显示振动?还需要添加什么单元,如何实现?

第十部分

C 语 言
课 程 实 验

C 语言课程实验

一、实验目的

　　上机实验是学习程序设计语言必不可少的实践环节,特别是 C 语言,灵活、简洁,更需要通过编程的实践来真正掌握它。对于程序设计语言的学习目的,可以概括为学习语法规定,掌握程序设计方法,提高程序开发能力,这些都必须通过充分的实际上机操作才能完成。

　　学习 C 程序设计语言除了课堂讲授以外,必须保证有不少于课堂讲授学时的上机时间。因为学时所限,不能安排过多的统一上机实验,所以希望学生有效地利用课程上机实验的机会,尽快掌握用 C 语言开发程序的能力,为今后的继续学习打下一个良好的基础。为此,我们结合课堂讲授的内容和进度,安排了 12 次上机实验。课程上机实验的目的可以概括为如下几个方面:

　　1. 加深对课堂讲授内容的理解

　　课堂上要讲授许多关于 C 语言的语法规则,十分枯燥无味,也不容易记。然而要使用 C 语言这个工具解决实际问题,又必须掌握它。通过多次上机练习,对于语法知识有了感性的认识,加深对它的理解,在理解的基础上就会自然而然地掌握 C 语言的语法规定。对于一些内容,自己认为在课堂上听懂了,但通过上机实践会发现原来的理解有偏差。这是由于大部分学生是初次接触程序设计,缺乏程序设计的实践所致。

　　学习 C 语言不能停留在学习它的语法规则,而是利用学到的知识编写 C 语言程序,解决实际问题。即把 C 语言作为工具,描述解决实际问题的步骤,让计算机帮助我们解题。只有通过上机才能检验自己是否掌握 C 语言,自己编写的程序是否能够正确地解题。

　　通过上机实验来验证自己编制的程序是否正确,恐怕是大多数同学在完成老师作业时的心态。但是在程序设计领域里,这是一定要克服的、传统的、错误的想法。因为在这种思想支配下,可能会想办法去"掩盖"程序中的错误,而不是尽可能多地发现程序中存在的问题。自己编好程序上机调试运行时,可能有很多想不到的情况发生,通过解决这些问题,可以逐步提高自己对 C 语言的理解和程序开发的能力。

　　2. 熟悉程序开发环境,学习计算机系统的操作方法

　　一个 C 语言程序从编辑、编译、连接到运行,都要在一定的外部操作环境下才能进行。所谓"环境"就是所用的计算机系统硬件、软件条件,只有学会使用这些环境,才能进行程序开发工作。通过上机实验,熟练地掌握 C 语言开发环境,为以后真正

编写计算机程序解决实际问题打下基础。同时,在今后遇到其他开发环境时就会触类旁通,很快掌握新系统的使用。

本书中所采用的 C 语言开发环境为 Borland 公司的 Turbo C2.0 集成开发环境(以下简称 TC 环境)。

3. 学习上机调试程序

完成程序的编写,绝不意味着万事大吉。自认为万无一失的程序,实际上机运行时可能不断出现麻烦。如编译程序检测出一大堆语法错误:scanf( )函数的输入表中出现非地址项,某变量未进行类型定义,语句末尾缺少分号等。有时程序本身不存在语法错误,也能够顺利运行,但是运行结果显然是错误的。开发环境所提供的编译系统无法发现这种程序逻辑错误,只能靠自己的上机经验分析判断错误所在。程序的调试是一个技巧性很强的工作,对于初学者来说,尽快掌握程序调试方法是非常重要的。有时候一个消耗几个小时时间的小小错误,调试高手一眼就看出错误所在。

经常上机的人见多识广,经验丰富,对出现的错误很快就能基本判断,通过 C 语言提供的调试手段逐步缩小错误点的范围,最终找到错误点和错误原因。这样的经验和能力只有通过长期上机实践才能取得。向别人学习调试程序的经验当然重要,但更重要的是自己上机实践,分析、总结调试程序的经验和心得。别人告诉你一个经验,当时似乎明白,当出现错误时,由于情况千变万化,这个经验不一定用得上,或者根本没有意识到使用该经验。只有通过自己在调试程序过程中的经历并分析总结出的经验才是自己的。一旦遇到问题,这些经验自然涌上心头。所以调试程序不能指望别人替代,必须自己动手,分析问题,选择算法,编好程序,只能说完成一半工作,另一半工作就是调试程序,运行程序并得到正确结果。

二、实验要求

上机实验一般经历上机前的准备(编程)、上机调试运行和实验后的总结三个步骤。

1. 上机前的准备

根据问题,进行分析,选择适当算法并编写程序。上机前一定要仔细检查程序(称为静态检查),直到找不到错误(包括语法和逻辑错误)。分析可能遇到的问题及解决的对策。准备几组测试程序的数据和预期的正确结果,以便发现程序中可能存在的错误。

2. 上机输入和编辑程序,并调试运行程序

首先调用 C 语言集成开发环境,输入并编辑事先准备好的源程序;然后调用编译程序对源程序进行编译,查找语法错误,若存在语法错误,重新进入编辑环境,改正后再进行编译,直到通过编译,得到目标程序(扩展名为 obj)。下一步是调用连接程序,产生可执行程序(扩展名为 exe)。使用预先准备的测试数据运行程序,观察是否

得到预期的正确结果。若有问题,则仔细调试,排除各种错误,直到得到正确结果。在调试过程中,要充分利用 C 语言集成开发环境提供的调试手段和工具,例如单步跟踪、设置断点、监视变量值的变化等。整个过程应自己独立完成。不要一点小问题就找老师,学会独立思考,勤于分析,通过自己实践得到的经验用起来更加得心应手。

3. 整理上机实验结果,写出实验报告

实验结束后,要整理实验结果并认真分析和总结,根据老师的要求写出实验报告。

实验报告一般包括如下内容:

(1) 实验内容、实验题目与要求。

(2) 算法说明。用文字或流程图说明。

(3) 程序清单。

(4) 运行结果。原始数据,相应的运行结果和必要的说明。

(5) 分析与思考。调试过程及调试中遇到的问题及解决办法;调试程序的心得与体会;其他算法的存在与实践等。若最终未完成调试,要认真找出错误并分析原因。

实验一　　C 语言运行环境

一、实验目的

1. 了解 TC 环境的组成。

2. 学习 TC 环境的使用方法。

3. 了解 C 语言程序从编辑、编译、连接到运行并得到运行结果的过程。

二、实验内容

1. 了解 TC 环境的组成

开机后进入 WINDOWS 系统的"资源管理器",找到 TC 环境所在的文件夹。一般情况下,TC 环境都安装在名为"TC"的子目录下,具体存于硬盘的哪个分区请询问实验室管理员。查看在 TC 目录下的以字母 TC 开头的文件,是否包括了 TC.exe、TCC.exe、TLINK.exe、TCCONFIG.TC 等文件;查看 INCLUDE、LIB 两个子目录下的文件。复习这些文件的作用。

2. 进入、退出和定制 TC 环境

运行 TC 目录下的 TC.exe 文件,就可进入 TC 环境。

在 WINDOWS 环境下运行文件的方法是用鼠标双击要运行的文件名,或在桌面上双击快捷图标；在 DOS 环境下进入到 TC 子目录，用命令方式运行 TC.exe 程序。进入 TC 环境后，屏幕上显示出 TC 环境的主画面。

退出 TC 环境，可在"File"菜单下选择"QIUT"菜单项，或用热键 Alt＋X，计算机返回到操作系统的控制下。

在程序开发的过程中，有时需要返回到操作系统界面下观察程序的运行情况，但是又要保留运行的 TC 环境，操作方法是：选择"File"菜单下的"OS shell"菜单项，返到 DOS 操作系统界面，用"EXIT"命令可重新进入 TC 环境；用 Alt＋空格键返到 WINDOWS 界面，TC 环境缩小为屏幕下方任务条上的一个图标，用鼠标单击该图标重新进入 TC 环境。注意此时是返到操作系统，TC 环境没有真正退出，如果此时再次运行 TC.exe 文件，刚才是返到 WINDOWS 环境时，会重新打开一个 TC 窗口，返到 DOS 环境时会给出一个错误提示"Program too big to fit in memory"，这是因为 DOS 操作系统只管理 640 K 的内存，放不下两个 TC 环境。

WINDOWS 操作系统对 TC 环境是作为一个窗口进行管理的，因此 WINDOWS 窗口的一些属性也是有效的。从 TC 环境返回 WINDOWS 系统时，会出现一个快捷菜单（在任务条的 TC 图标上单击鼠标右键也可以出现快捷菜单），选择"属性"菜单项，屏幕出现一个名为"TC 属性"的窗口，在该窗口里选择"屏幕"一页，在"用法"一项里选中"屏幕"单选钮，单击"应用"按钮，关闭"TC 属性"的窗口，TC 环境以 WINDOWS 窗口形式出现。在窗口上方出现工具条，可以对窗口进行定制，注意"全屏幕"和"中文"两个工具钮的作用。

TC 环境下的"Options"菜单下可对 TC 环境进行设置，初学者要了解"Directories"的作用，一般不要改变系统的其他设置。关于"Directories"各项的作用和设置参阅本书关于 TC 环境的介绍，学会改变输出文件的目录。

3. 运行演示程序

在 TC 目录下有一个名为"BGIDEMO.C"的源程序，这本是为 TC 图形函数提供的演示程序，运行这个演示程序。在"File"菜单下选"Load"项，在屏幕出现的"Load File Name"窗口里输入"BGIDEMO.c"，该程序被装入编辑窗口，按 Alt＋R 键，程序被编译、连接并运行。注意运行此程序需要图形库文件，一般被装在 TC 目录下，没有这个图形库文件就不能运行图形演示程序。

4. 编写自己的第一个程序

按键盘 Alt＋E 键，激活编辑窗口，录入如下源程序：

```
main( )
{ printf("This is a C Program]n")
printf("I am a student]n");
}
```

按 Alt＋R 键，编译、连接、运行程序，屏幕出现错误提示：

statement missing ;in function main

通过提示,可以知道上面程序第二行的最后漏了一个分号,改正后程序运行。按
Alt＋F5 键观察输出结果。

按 F2 键,程序存入硬盘,文件名自定(如:test1)。通过资源管理器观察当前目
录下名为 test1 的几个文件,它们的扩展名分别是什么。

改变"Options"菜单下"Directories"项下的输出文件目录,用 F2 键把程序再保
存一次并运行。在新设定的输出目录下观察名为 test1 的文件的存储情况。

用"File"菜单下的"Write to"项,把文件存在新设定的输出目录处,文件名仍为
test1。

录入如下程序:

```
main( )
{ printf("This is another C Program]n");

}
```

按 F2 键并用 test1 文件名保存,然后运行这个程序。

按 Alt＋F3 键,屏幕出现刚才操作过的几个文件的名字,将刚才设定目录下的
test1. c 装入编辑器后运行它,观察到输出的仍是后来键入的程序的内容。这是因为
TC 编译系统在接收"RUN"命令后,对 test1. c、test1. obj、test1. exe 三个文件的建立
时间进行比较,如果扩展名为". c"的文件建立时间晚于". exe"文件,它就认为源文件
进行了修改,所以对源文件重新进行编译连接,如果". exe"文件的时间晚于源文件的
建立时间,就直接运行这个文件,不再重新编译连接。因为两次输入的程序名称都是
test1,新设定目录中存放的是第一个程序的 test1. c 和第二个程序的 test1. exe,就出
现了现在的情况。

5. 分别编译、连接、运行程序

"Run"命令是将编译、连接、运行一次完成,实际完成了三件工作,下面分别进行
编译、连接、运行。

用 ALT＋C 命令打开"Compile"菜单,并选择"Compile to object"命令编译该源
程序文件,然后选择"Compile"菜单的"Link exe file"命令调用连接程序,连接成可执
行文件,最后用"Run"菜单的"Run"命令运行程序,用"Run"菜单的"User screen 命
令"查看运行结果。由于编译、连接、运行是分别进行的,所以编译系统不再对相关三
个文件的建立时间进行比较,我们看到的就是编辑器里当前的程序输出结果。

6. 编写程序,实现求整数 10、20 和 35 的平均值

三、实验要求

1. 学习 TC 的基本操作,编写程序。

2. 运行程序并记录运行结果。

3. 将源程序、目标文件、可执行文件和实验报告存在服务器的指定文件夹中。

实验二　数据类型及顺序结构

一、实验目的

1. 进一步熟悉 TC 环境的使用方法。
2. 学习 C 语言赋值语句和基本输入输出函数的使用。
3. 编写顺序结构程序并运行。
4. 了解数据类型在程序设计语言中的意义。

二、实验内容

1. 编程序,输出如下图形:

＊ ＊
＊ ＊ ＊ ＊
＊ ＊ ＊ ＊ ＊ ＊
＊ ＊ ＊ ＊ ＊ ＊ ＊ ＊

2. 编写程序,实现下面的输出格式和结果(表示空格):

a＝5,b＝7,a－b＝－2,a/b＝71％
c1＝COMPUTER,c2＝COMP,c3＝COMP
x＝31.19,y＝－31.2,z＝31.1900
s＝3.11900e＋002,t＝－3.12e＋001

3. 编写程序,输入变量 x 的值,输出变量 y 的值,并分析输出结果。

y＝2.4＊x－1/2
y＝x％2/5－x
y＝x＞10＆＆x＜100
y＝x＞＝10||x＜＝1
y＝(x－＝x＊10,x/＝10)

要求变量 x、y 是 float 型。

4. 调试下列程序,使之能正确输出 3 个整数之和与 3 个整数之积。

```
main( )
{ int a,b,c;
printf("Please enter 3 numbers:");
scanf("%d,%d,%d",&a,&b,&c);
ab＝a＋b;
ac＝a＊c;
```

```
printf("a+b+c=%d]n",a+b+c);
printf("a*b*c=%d]n",a+c*b);
}
```
输入:40,50,60✓

5. 运行下述程序,分析输出结果。

```
main( )
{ int a=10;
long int b=10;
float x=10.0;
double y=10.0;
printf("a=%d,b=%ld,x=%f,y=%lf]n",a,b,x,y);
printf("a=%ld,b=%d,x=%lf,y=%f]n",a,b,x,y);
printf("x=%f,x=%e,x=%g]n",x,x,x);
}
```

从此题的输出结果认识各种数据类型在内存中的存储方式。

三、实验要求

1. 复习赋值语句和输入输出函数各种格式符的使用。
2. 复习数据类型和运算符的有关概念。
3. 编写程序、运行程序并记录运行结果。
4. 将源程序、目标文件、可执行文件和实验报告存在服务器的指定文件夹中。

四、选做题

设计程序,使输入圆半径(5)和圆心角(600)后,输出圆的周长、面积和扇形周长。

实验三 选择结构程序设计

一、实验目的

1. 正确使用关系表达式和逻辑表达式的表达条件。
2. 学习分支语句 if 和 switch 的使用方法。
3. 进一步熟悉 TC 集成环境的使用方法,学习 TC 环境提供的调试工具。

二、实验内容

1. 调试下列程序,使之具有如下功能:输入 a、b、c 三个整数,求最小值。写出调试过程。

```
main()
{ int a,b,c;
scanf("%d%d%d",a,b,c);
if((a>b)&&(a>c))
if(b<c)
printf("min=%d]n",b);
else
printf("min=%d]n",c);
if((a<b)&&(a<c))
printf("min=%d]n",a);
}
```

程序中包含有一些错误,按下述步骤进行调试。

(1)设置观测变量。按 Alt+B 键,屏幕弹出"Add watch"窗口,在窗口中可输入要观察的变量或表达式,此处输入 a,重复以上操作并分别输入 b、c,在屏幕下方的"message"窗口显示变量名 a、b、c,且变量名的后面有提示,如 a 的后面是 undefined symbol 'a',这是因为程序没有运行,变量没有登记,所以 TC 环境不知道 a 是什么。

(2)单步执行程序。按 F8 键,屏幕上半部"Edit"窗口中的程序第一行程序的文字背景色变为蓝色,表示此语句将被执行。连续按 F8 键,蓝色条一句句下移。

(3)通过单步执行发现程序中的错误。当单步执行到 scanf()函数一句时,屏幕自动切换到 DOS 窗口,等待用户的输入,假定输入"1 2 3",变量 a、b、c 接受后应在屏幕信息窗口显示出来,但是此时看到的却不是输入的数据。这时就要检查程序。发现在调用 scanf()函数中变量名前面没有取地址运算符"&"。输入的数据没有正确存入到变量中。经改正后再单步运行,变量 a、b、c 的值被正确输入。继续单步执行,程序正确找到最小值并输出。

(4)通过充分测试发现程序中的错误。虽然程序可以运行,并不能证明程序就是正确的,因为编译系统检查程序没有语法错误就可运行了,但是编译系统不能发现程序中的逻辑错误。一个程序必须通过严格的测试,把可能存在的错误都找出来并改正。关于如何进行程序测试不在本书的讲述范围,此处仅对此例进行测试的一些原则进行介绍。刚才给出的输入是变量 a 为最小值,且 a、b、c 都不相等的情况,可能的合理输入还有:a 为最小值且 a、b、c 相等,a 为最小值且 b、c 相等,b 为最小值且 a、b、c 互不相等,b 为最小值且 a、c 相等,等等。严格说,在调试过程中对这些可能的情况都要进行测试,才能保证软件的质量。所以程序的调试、测试是一项非常繁琐的工作,也是非常重要的工作。对于初学者来说应该建立良好的习惯,在调试程序的时候,应该尽可能考虑到程序运行时的各种可能,设计相应的用例。

再次运行程序,输入为"2,1,3",程序输出却是"min=2"。用单步执行的方法,马上发现变量 a、b、c 的值是不对的,原因是程序要求输入数据的分隔符是空格(还允许使用回车或 Tab 键)。改正输入后,程序没有输出,还是用单步执行的方法,监视程序的执行过程,发现程序中条件设计有误,经过改正的程序如下:

```
main( )
{ int a,b,c;
scanf("%d%d%d",&a,&b,&c);
if((a<b)&&(a<c))
printf("min=%d]n",a)
else if((b<a)&&(b<c))
printf("min=%d]n",b);
else if((c<a)&&(c<b))
printf("min=%d]n",c);
else
printf("No find minimum]n");
}
```

上述程序是按在三个数中仅有一个最小值时才称其为最小值进行设计的。另外,注意程序的书写格式,一定要采用缩进格式,即不同层次(分支)的语句左起的空格不同,这样可以有效地提高程序的可读性。

2. 编写程序,求解下列分段函数:

$$y=\begin{cases} x & -5<x<0 \\ x-1 & x=0 \\ x+1 & 0<x<10 \\ 100 & 其他 \end{cases}$$

3. 某托儿所收 2 岁到 6 岁的孩子,2 岁、3 岁孩子进小班(Lower class);4 岁孩子进中班(Middle class);5 岁、6 岁孩子进大班(Higher class)。编写程序(用 switch 语句),输入孩子年龄,输出年龄及进入的班号。如:输入:3,输出:age:3,enter Lower class。

三、实验要求

1. 复习关系表达式、逻辑表达式和 if 语句、switch 语句。
2. 学习程序的调试方法。
3. 编写程序、运行程序并记录运行结果
4. 将源程序、目标文件、可执行文件和实验报告存在软盘上。

四、选做题

1. 自守数是其平方后尾数等于该数自身的自然数。例如:

$$25 \times 25 = 625$$
$$76 \times 76 = 5\ 776$$

任意输入一个自然数,判断是否是自守数并输出:如:

25 yes 25 * 25＝625

11 no 11 * 11＝121

2. 输入月号,输出月份的英文名称。

实验四　循环结构程序设计

一、实验目的

1. 学习循环语句 for、while 和 do－while 语句的使用方法。

2. 学习用循环语句实现各种算法,例如穷举法、迭代法等。

3. 进一步熟悉 TC 集成环境的使用方法。

二、实验内容

1. 设计下列程序计算 SUM 的值。调试该程序,使之能正确地计算 SUM。写出调试过程,计算公式如下:

$$SUM = 1 + \frac{1}{2} + \frac{1}{3} + \frac{1}{4} + \cdots\cdots\frac{1}{n}$$

```
main( )
{ int t,s,i,n;
scanf("%d",&n);
for(i=1;i<=n;i++)
t=1/i;
s=s+t;
printf("s=%f]n",s);
}
```

在调试过程中,用单步执行的方法观察变量 s 和 t 的值的变化,找到程序中存在的问题,加以改正。

2. 下面程序的功能是计算 $n!$。

```
main( )
{ int i,n,s=1;
printf("Please enter n:");
scanf("%d",&n);
```

```
for(i=1;i<=n;i++)
s=s*i;
printf("%d! =%d",n,s);
}
```

首次运行先输入 $n=4$,输出结果为 4! =24,这是正确的。为了检验程序的正确性,再输入 $n=10$,输出为 10! =24 320,这显然是错误的。为了找到程序的错误,可以通过单步执行来观察变量的变化。这次我们在 for 循环体中增加一条输出语句,把变量 s 每次的运算结果显示出来。显示的结果是:

s=1
s=2
s=6
s=24
s=120
s=720
s=5040
s=-25216
s=-30336
s=24320

运算过程中居然出现的负值,从显示看出 $s=5\ 040$ 是 7!,再乘以 8 应是 40 320,实际却是一个负数。分析产生这种现象的原因,把程序改正过来,再用 $n=20$ 进行实验,分析所得到的结果。

3. 北京市体育彩票采用整数 1,2,3,…,36 表示 36 种体育运动,一张彩票可选择 7 种运动。编写程序,选择一张彩票的号码,使得这张彩票的 7 个号码之和是 105 且相邻两个号码之差按顺序依次是 1,2,3,4,5,6。如果第一个号码是 1,则后续号码应是 2,4,7,11,16,22。

4. 编写程序实现输入整数 n,输出如下所示由数字组成的菱形。(图中 $n=5$)

1
1 2 1
1 2 3 2 1
1 2 3 4 3 2 1
1 2 3 4 5 4 3 2 1
1 2 3 4 3 2 1
1 2 3 2 1
1 2 1
1

三、实验要求

1. 复习 for、while、do—while 语句和 continue、break 语句。

2. 在程序调试中,要实现准备充分的测试用例。

3. 编写程序、运行程序并记录运行结果。注意程序的书写格式。

4. 将源程序、目标文件、可执行文件和实验报告存在服务器的指定文件夹中。

四、选做题

已知 2001 年 1 月 1 日是星期一,编写程序,在屏幕上输出 2000 年的年历。关于闰年的计算方法:如果某年的年号能被 400 除尽,或能被 4 除尽但不能被 100 除尽,则这一年就是闰年。

实验五 数 组

一、实验目的

1. 掌握数组的定义、赋值和输入输出的方法。

2. 学习用数组实现相关的算法(如排序、求最大和最小值、对有序数组的插入等)。

3. 熟悉 TC 集成环境的调试数组的方法。

二、实验内容

1. 调试下列程序,使之具有如下功能:输入 10 个整数,按每行 3 个数输出这些整数,最后输出 10 个整数的平均值。写出调试过程。

```
main( )
{ int i,n,a[10],av;
for(i=0;i<n;i++)
scanf("%d",a[i]);
for(i=0;i<n;i++)
{ printf("%d",a[i]);
if(i%3==0)
printf("]n");
}
for(i=0;i! =n;i++)
av+=a[i];
printf("av=%f]n",av);
}
```

上面给出的程序是完全可以运行的,但是运行结果是完全错误的。调试时请注意变量的初值问题、输出格式问题等。请使用前面实验所掌握的调试工具,判断程序中的错误并改正。在程序运行过程中,可以使用 Ctrl＋Break 键终止程序的运行,返回到 TC 环境。

2. 编写程序,任意输入 10 个整数的数列,先将整数按照从大到小的顺序进行排序,然后输入一个整数插入到数列中,使数列保持从大到小的顺序。

3. 输入 4×4 的数组,编写程序实现:

(1) 求出对角线上各元素的和;

(2) 求出对角线上行、列下标均为偶数的各元素的积;

(3) 找出对角线上其值最大的元素和它在数组中的位置。

三、实验要求

1. 复习数组的定义、引用和相关算法的程序设计。

2. 编写程序、运行程序并记录运行结果。

3. 将源程序、目标文件、可执行文件和实验报告存在软盘上。

四、选做题

1. 设某班 50 人,写一程序统计某一单科成绩各分数段的分布人数,每人的成绩随机输入,并要求按下面格式输出统计结果:

0～39××

40～49 ××

50～59 ××

…… ……

90～100 ××

"××"表示实际分布人数。

2. 有一个 n 行 m 列的由整数组成的矩阵,请对矩阵中的元素重新进行排列,使得同行元素中右边的元素大于左边的元素,同列元素中下边的元素大于上边的元素。

实验六　字符数据处理

一、实验目的

1. 掌握 C 语言中字符数组和字符串处理函数的使用。

2. 掌握在字符串中删除和插入字符的方法。

3. 熟悉 TC 集成环境的调试字符串程序的方法。

二、实验内容

1. 调试下列程序,使之具有如下功能:任意输入两个字符串(如:"abc 123"和"china"),并存放在 a,b 两个数组中。然后把较短的字符串放在 a 数组,较长的字符串放在 b 数组,并输出。

```
main( )
{ char a[10],b[10];
int c,d,k;
scanf("%s",&a);
scanf("%s",&b);
printf("a=%s,b=%s]n",a,b);
c=strlen(a);
d=strlen(b);
if(c>d)
for(k=0;k<d;k++)
{ ch=a[k];a[k]=b[k];b[k]=ch;}
printf("a=%s]n",a);
printf("b=%s]n",b);
}
```

程序中的 strlen 是库函数,功能是求字符串的长度,它的原型保存在头文件"string. h"中。调试时注意库函数的调用方法,不同的字符串输入方法,通过错误提示发现程序中的错误。

2. 编写程序,输入若干个字符串,求出每个字符串的长度,并打印最长一个字符串的内容。以"stop"作为输入的最后一个字符串。

3. 编写程序,输入任意一个含有空格的字符串(至少 10 个字符),删除指定位置的字符后输出该字符串。如:输入"BEIJING123"和删除位置 3,则输出"BEIING123"。

三、实验要求

1. 复习字符串处理函数和字符数组的使用、库函数的调用方法。
2. 编写程序、运行程序并记录运行结果。
3. 将源程序、目标文件、可执行文件和实验报告存在软盘上。

四、选做题

1. 编写程序,输入字符串 $s1$ 和 $s2$ 以及插入位置 f,在字符串 $s1$ 中的指定位置 f 处插入字符串 $s2$。如:输入"BEIJING"、"123"和位置3,则输出"BEI123JING123"。

2. 编写程序,将输入的两个字符串进行合并,合并后的字符串中的字符按照其 ASCII 码从小到大的顺序排序,在合并后的字符串中相同的字符只出现一次。

实验七　函　数　（一）

一、实验目的

1. 学习 C 语言中函数的定义和调用方法。
2. 掌握通过参数在函数间传递数据的方法。
3. 熟悉 TC 集成环境对包含函数调用的程序的调试方法。

二、实验内容

1. 调试下列程序,使之具有如下功能:fun 函数是一个判断整数是否为素数的函数,使用该函数求 1000 以内的素数平均值。写出调试过程。

```
＃include"math. h"
main( )
{ int a＝0,k;  /＊ a 保存素数之和 ＊/
float av;  /＊ av 保存 1000 以内素数的平均值 ＊/
for(k＝2;k＜＝1000;k＋＋)
if(fun(k))  /＊ 判断 k 是否为素数 ＊/
a＋＝k;
av＝a/1000;
printf("av＝%f］n",av);
}

fun(int n)  /＊ 判断输入的整数是否为素数 ＊/
{ int i,y＝0;
for(i＝2;i＜n;i＋＋)
if(n%i＝＝0) y＝1;
else y＝0;
return y;
}
```

本题调试的重点是如何判断一个数是否为素数。根据素数的定义,一个正整数只能被 1 和它本身整除,这个数是素数。调试中采用 TC 环境提供单步执行功能时,注意热键 F7 和 F8 的区别。

对于一个大型程序,如果仅需要对程序中的某一部分单步执行时,可设置一些断点,用"Run"命令执行程序到断点处,然后再单步执行程序。通过本例说明这样调试程序的方法。在程序被运行前,将屏幕光标移到 fun 函数的 for 循环一句处,按 Ctrl+F8键,该句背景色变为红色;用"Run"命令运行程序,程序执行到此处暂停执行,背景色为淡蓝色,再用 F7 或 F8 单步执行下面的程序;当不需要单步执行时,使用用"Run"命令可以连续执行程序,当程序再次执行到断点处又会停下等待用户的指令。将屏幕光标移到已设断点处,再按 Ctrl+F8 键,可以取消断点。

2. 编写一个求水仙花数的函数,求 3 位正整数的全部水仙花数中的次大值。所谓水仙花数是指三位整数的各位上的数字的立方和等于该整数本身。例如:153 就是一个水仙花数:

$$153 = 1^3 + 5^3 + 3^3$$

3. 编写一个函数,对输入的整数 k 输出它的全部素数因子。例如:当 $k=126$ 时,素数因子为:2,3,3,7。要求按如下格式输出:

$$126 = 2 * 3 * 3 * 7$$

三、实验要求

1. 复习函数的定义和调用方法。
2. 学习使用设置断点的方法调试程序。
3. 编写程序、运行程序并记录运行结果。
4. 将源程序、目标文件、可执行文件和实验报告存在软盘上。

四、选做题

1. 任意输入一个 4 位自然数,调用函数输出该自然数的各位数字组成的最大数。
2. 某人购买的体育彩票猜中了 4 个号码,这 4 个号码按照从大到小的顺序组成一个数字可被 11 整除,将其颠倒过来也可被 11 整除,编写函数求符合这样条件的 4 个号码。关于体育彩票号码的规则见实验四实验内容3,可被 11 整除颠倒过来也可被 11 整除的正整数,例如341,它可被 11 整除,颠倒过来 143 也可被 11 整除。

实验八 函 数 (二)

一、实验目的

1. 掌握含多个源文件的程序的编译、连接和调试运行的方法。
2. 学习递归程序设计,掌握递归函数的编写规律。
3. 熟悉 TC 集成环境的调试函数程序的方法。

二、实验内容

1. 编写两个函数,其功能分别为:

(1) 求 N 个整数的次大值和次小值。

(2) 求两个整数的最大公约数和最小公倍数。

输入 10 个整数,调用函数求它们的次大值和次小值,及次大值和次小值的最大公约数和最小公倍数。

要求:这两个函数和主函数分属 3 个文件。

求最大公约数和最小公倍数的方法(以 12 和 8 为例):

辗转相除法:两数相除,若不能整除,则以除数作为被除数,余数作为除数,继续相除,直到余数为 0 时,当前除数就是最大公约数。而原来两个数的积除以最大公约数的商就是最小公倍数。

12 和 8

12%8 的余数为 4

8%4 的余数为 0

则 4 为最大公约数,12×8/4 为最小公倍数。

相减法:两个数中的大数减小数,其差与减数再进行大数减小数,直到差与减数相等为止,此时的差或减数就是最大公约数。而原来两个数的积除以最大公约数的商就是最小公倍数。

12 和 8

12-8=4,8-4=4

则 4 为最大公约数,12×8/4 为最小公倍数。

假定保存主函数的文件名是“file1.c”,保存求次大值和次小值函数的文件名是“file2.c”,保存求最大公约数和最小公倍数函数的文件名是“file3.c”。现在再编辑一个文件,它的内容如下:

file1.c

file2.c

file3.c

保存这个文件为“find.prj”。这是一个项目文件,表示文件中指定的几个函数将连接为一个名为“find.exe”的可执行文件。我们要将项目文件名通知 TC 环境,按 Alt+P 键,选择“Project”菜单的“Project Name”选项,在“Project Name”窗口输入项目文件名。编译系统这时将根据项目文件指出的源文件名分别进行编译,然后把编译后的目标文件(.obj 文件)连接成一个可执行文件。

2. 编写一个递归函数,实现将任意的十进制正整数转换为八进制数。

三、实验要求

1．复习递归程序设计和多文件程序的编写和调试方法
2．编写程序、运行程序并记录运行结果。
3．将源程序、目标文件、可执行文件和实验报告存在软盘上。

四、选做题

编写一个递归函数,实现将任意的正整数按反序输出。例如,输入 12345,输出 54321。

实验九　指　针　（一）

一、实验目的

1．掌握指针变量的定义与引用。
2．掌握指针与变量、指针与数组的关系。
3．掌握用数组指针作为函数参数的方法。
4．熟悉 TC 集成环境的调试指针程序的方法。

二、实验内容

以下均用指针方法编程:
1．调试下列程序,使之具有如下功能:用指针法输入 12 个数,然后按每行 4 个数输出。写出调试过程。

```
main( )
{ int j,k,a[12], * p;
for(j=0;j<12;j++)
scanf("%d",p++);
for(j=0;j<12;j++)
{ printf("%d", * p++);
if(j%4 == 0)
printf("]n");
}
}
```

调试此程序时将 *a* 设置为一个"watch",数组 *a* 所有元素的值在一行显示出来。调试时注意指针变量指向哪个目标变量。
2．在主函数中任意输入 10 个数存入一个数组,然后按照从小到大的顺序输出

这 10 个数,要求数组中元素按照输入时的顺序不能改变位置。

　　3. 自己编写一个比较两个字符串 s 和 t 大小的函数 strcomp(s,t),要求 $s<t$ 时返回-1,$s=t$ 时返回 0,$s>t$ 时返回 1。在主函数中任意输入 4 个字符串,利用该函数求最小字符串。

三、实验要求

　　1. 复习指针的定义与使用方法。
　　2. 编写程序,运行程序并记录运行结果。
　　3. 将源程序、目标文件、可执行文件和实验报告存在服务器的指定文件夹中。

四、选做题

　　1. 在主函数中任意输入 9 个数,调用函数求最大值和最小值,在主函数中按每行 3 个数的形式输出,其中最大值出现在第一行末尾,最小值出现在第 3 行的开头。
　　2. 请编程读入一个字符串,并检查其是否为回文(即正读和反读都是一样的)。
例如:
　　　　输入:MADA M I M ADAM　　输出:YES
　　　　输入:ABCDBA　　输出:NO

实验十　　指　　针　（二）

一、实验目的

　　1. 掌握 C 语言中函数指针的使用方法。
　　2. 掌握 C 语言中指针数组的使用方法。
　　3. 熟悉 TC 集成环境的调试指针程序的方法。

二、实验内容

　　1. 调试下列程序,使之具有如下功能:任意输入 2 个数,调用 2 个函数分别求:
　　(1) 2 个数的和;
　　(2) 2 个数交换值。
要求用函数指针调用这 2 个函数,结果在主函数中输出。

```
main( )
{ int a,b,c,( * p)( );
scanf("%d,%d",&a,&b);
p=sum;
 * p(a,b,c);
```

```
p=swap;
 * p(a,b);
printf("sum=%d]n",c);
printf("a=%d,b=%d]n",a,b);
}


sum(int a,int b,int c)
{ c=a+b;
}


swap(int a;int b)
{ int t;
t=a;
a=b;
b=t;
}
```

调试程序时注意参数传递的是数值还是地址。

2. 输入一个 3 位数,计算该数各位上的数字之和,如果在[1,12]之内,则输出与和数相对应的月份的英文名称,否则输出＊＊＊。例如:

输入:123   输出:1+2+3=6→June

输入:139   输出:1+3+9=13→＊＊＊

用指针数组记录各月份英文单词的首地址。

3. 任意输入 5 个字符串,调用函数按从大到小顺序对字符串进行排序,在主函数中输出排序结果。

三、实验要求

1. 复习函数指针和指针数组的使用方法。

2. 编写程序、运行程序并记录运行结果。

3. 将源程序、目标文件、可执行文件和实验报告存在服务器的指定文件夹中。

四、选做题

1. 对数组 A 中的 $N(0 < N < 100)$ 个整数从小到大进行连续编号,要求不能改变数组 A 中元素的顺序,且相同的整数要具有相同的编号。例如:

数组是 $A=(5,3,4,7,3,5,6)$

则输出为:$(3,1,2,5,1,3,4)$

2. 将一个数的数码倒过来所得到的新数,叫做原数的反序数,如果一个数等于它的反序数,则称它为对称数。例如十进制数 121 就是一个十进制的对称数。编写程序,采用递归算法求不超过 1 993 的最大的二进制的对称数。

实验十一　结　构　体

一、实验目的

1. 掌握 C 语言中结构体类型的定义和结构体变量的定义和引用。
2. 掌握用结构指针传递结构数据的方法。
3. 熟悉 TC 集成环境调试结构程序的方法。

二、实验内容

1. 设计一个保存学生情况的结构,学生情况包括姓名、学号、年龄。输入 5 个学生的情况,输出学生的平均年龄和年龄最小的学生的情况。要求输入和输出分别编写独立的输入函数 input()和输出函数 output()。

2. 使用结构数组输入 10 本书的名称和单价,调用函数按照书名的字母顺序进行排序,在主函数输出排序结果。

3. 建立一个有 5 个结点的单向链表,每个结点包含姓名、年龄和工资。编写 2 个函数,一个用于建立链表,另一个用来输出链表。

三、实验要求

1. 复习结构体类型的定义,结构体变量、数组的定义和使用方法。
2. 复习结构指针及其应用,如链表。
3. 编写程序、运行程序并记录运行结果。
4. 将源程序、目标文件、可执行文件和实验报告存在服务器的指定文件夹中。

四、选做题

1. 在实验内容 3 的基础上,编写插入结点的函数,在指定位置插入一个新结点。
2. 在实验内容 3 的基础上,编写删除结点的函数,在指定位置删除一个结点。

实验十二　文　　件

一、实验目的

1. 掌握 C 语言中文件和文件指针的概念。
2. 掌握 C 语言中文件的打开与关闭及各种文件函数的使用方法。

3. 熟悉 TC 集成环境的调试文件程序的方法。

二、实验内容

1. 编写程序,输入一个文本文件名,输出该文本文件中的每一个字符及其所对应的 ASCII。例如文件的内容是 Beijing,则输出:B(66)e(101)i(105)j(106)i(105)n(110)g(103)。

2. 编写程序完成如下功能:

(1) 输入 5 个学生的信息:学号(6 位整数)、姓名(6 个字符)、3 门课的成绩(3 位整数 1 位小数)。计算每个学生的平均成绩(3 位整数 2 位小数),将所有数据写入文件 STU1. dat。

(2) 从 STU1. dat 文件中读入学生数据,按平均成绩从高到低排序后写入文件 STU2. dat。

(3) 按照输入学生的学号,在 STU2. dat 文件中查找该学生,找到以后输出该学生的所有数据,如果文件中没有输入的学号,给出相应的提示信息。

3. 用编辑软件建立一个名为"d1. txt"的文本文件存入磁盘,文件中有 18 个数。从磁盘上读入该文件,并用文件中的前 9 个数和后 9 个数分别作为两个 3×3 矩阵的元素。求这两个矩阵的和,并把结果按每行 3 个数据写入文本文件"d2. txt"。用 DOS 命令 TYPE 显示 d2. txt。

三、实验要求

1. 复习文件的读写方法。

2. 编写程序、运行程序并记录运行结果。

3. 源程序、目标文件、可执行文件和实验报告存在服务器的指定文件夹中。

四、选做题

1. 建立两个由有序的整数组成的二进制文件 f1 和 f2,然后将它们合并为一个新的有序文件 f3。

2. 编写程序,功能是从磁盘上读入一个文本文件,将文件内容显示在屏幕上,每一行的前面显示行号。